地理信息系统实验教程

杨丽霞 编著

U0396778

DILI XINXI XITONG
SHIYAN JIAOCHENG

浙江工商大学出版社
ZHEJIANG GONGSHANG UNIVERSITY PRESS

图书在版编目(CIP)数据

地理信息系统实验教程 / 杨丽霞编著. —杭州：
浙江工商大学出版社，2014.12
　ISBN 978-7-5178-0769-8

　Ⅰ．①地… Ⅱ．①杨… Ⅲ．①地理信息系统－实验－
高等学校－教材 Ⅳ．①P208-33

　中国版本图书馆 CIP 数据核字(2014)第 291047 号

地理信息系统实验教程

杨丽霞 编著

责任编辑	刘　韵	
责任校对	丁兴泉	
封面设计	王妤驰	
责任印制	包建辉	
出版发行	浙江工商大学出版社	
	（杭州市教工路 198 号　邮政编码 310012）	
	（E-mail:zjgsupress@163.com）	
	（网址:http://www.zjgsupress.com）	
	电话:0571－88904980,88831806（传真）	
排　　版	杭州朝曦图文设计有限公司	
印　　刷	杭州恒力通印务有限公司	
开　　本	710mm×1000mm　1/16	
印　　张	13.25	
字　　数	252 千	
版 印 次	2014 年 12 月第 1 版　2014 年 12 月第 1 次印刷	
书　　号	ISBN 978-7-5178-0769-8	
定　　价	32.00 元	

前　言

　　地理信息系统(Geographic Information System,缩写为 GIS)是收集、管理、查询、分析、操作,以及表现与地理相关数据信息的计算机信息系统,能够为分析、决策提供重要的支持平台,是集地球科学、信息科学与计算机技术为一体的高新技术。作为传统学科与现代技术相结合的产物,地理信息系统正逐渐发展成一门处理空间数据的现代综合学科。目前,GIS 技术已广泛应用于资源管理、环境监测、灾害评估、城市与区域规划等众多领域,成为社会可持续发展的有效辅助决策工具。

　　GIS 是一门操作实践性较强的学科,在该课程的讲授中应该注重实践性教学环节。学生通过上机实践操作,不仅能对理论基础知识加深理解,还能提高动手操作能力,从而拓宽学生的就业面,进一步满足社会对 GIS 人才的需求。编著者在多年的教学实践中,试用了很多教材,总感觉这些教材太偏重于理论性,致使学生学完后不能有效提高动手操作能力,基于此,萌发了编制一本浅显易懂、易于操作,结合大量实例的地理信息系统实验教程的想法。在本书中,编著者把理论知识贯穿于大量实例中,以期有助于学生对实验内容的深入理解,有效提高学生的动手操作能力。

　　本书按照理论知识传授的知识点,共分为五个部分。第一部分介绍地理信息系统以及 ArcGIS 软件基本操作,附有 3 个实例,介绍地理信息系统主要软件 ArcGIS 的 Desktop 应用;第二部分为空间参照系统和地图投影,附有 1 个实例,主要介绍地图投影定义和不同投影之间的转换;第三部分为空间数据采集与处理,附有 5 个实例,主要介绍空间数据、图形数据和属性数据的采集,以及空间数据的编辑、处理;第四部分为空间分析,附有 4 个实例,介绍主要的空间分析方法:缓冲区分析、叠加分析、网络分析和地形表面空间分析;第五部分为空间数据的可视化与制图,附有 2 个实例,主要介绍专题地图制作。为便于查阅检索,本书目录删去了每一实验均有的一级标题,直接标示具体的实验步骤。本书适用于财经类、城乡规划管理和地理学等学科的教学与实践操作。

　　在编写过程中,浙江工商大学教师苑韶峰和浙江财经大学教师徐保根、鲍海君、薛继斌、王直民、魏遐、祁黄雄、李玉文、徐萌、汪凝、潘护林、余海粟、郭敏、祝锦霞、康燕、李武艳等提出了许多宝贵的意见和建议,特此一并致谢!

本书的编写得到国家自然科学基金(41371188 和 41171151)、教育部人文社会科学规划基金(11YJC630254)、浙江财经大学 ERP 实验教学示范中心实验教材和浙江财经大学人文地理与城乡规划校级重点学科的联合资助,特此鸣谢! 同时也向本书的所有编辑人员送上诚挚的谢意!

由于编著者的水平有限,书中难免存在不足和不妥之处,敬请读者不吝指正。

杨丽霞

2014 年 6 月于杭州

目 录
CONTENTS

■ 第一部分

地理信息系统以及ArcGIS软件基本操作

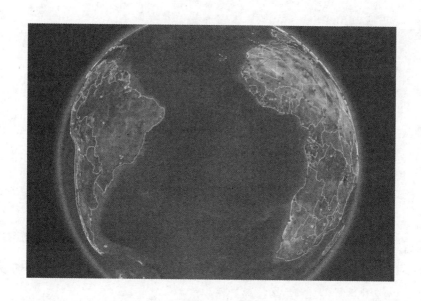

实验一　地理信息系统的组成与功能

一、实验目的

了解 GIS 的组成及其基本功能。

二、实验准备

1. 软件准备：ArcGIS Desktop 9.x。

2. 数据准备：ArcGIS 安装目录（一般情况下为 C：\arcgis\ArcTutor，但需要单独安装 ArcTutor）下的相关数据。

三、实验相关知识

（一）地理信息系统概述

地理信息系统的英文名称为 Geographic Information System，缩写为 GIS。1963 年，加拿大测量学家最先提出地理信息系统这一术语，并建立了世界上第一个地理信息系统——加拿大地理信息系统（CGIS），用于资源与环境的管理和规划。

完整的地理信息系统主要由四个部分构成，即硬件系统、软件系统、地理空间数据和系统管理操作人员，其核心是软硬件系统。空间数据库反映了 GIS 的地理内容，而管理人员和用户则决定系统的工作方式和信息表示方式。

地理信息系统（GIS）的基本功能有：

1. 数据采集与编辑功能：图形数据采集与编辑，属性数据编辑与分析。

2. 数据的存储和管理功能：地理信息数据库管理系统是数据存储和管理的高新技术，包括数据库定义、数据库建立与维护、数据库操作、通讯功能等。

3. 制图功能：根据 GIS 的数据结构及绘图仪的类型，用户可获得矢量地图或栅格地图。地理信息系统不仅可以为用户输出全要素地图，而且可以根据用户需要分层输出各种专题地图，如行政区划图、土壤利用图、道路交通图、等高线图等等。还可以通过空间分析得到一些特殊的地学分析用图,如坡度图、坡向图、剖面图等等。

4.空间查询与空间分析功能:拓扑空间查询、缓冲区分析、叠置分析、空间集合分析、地学分析、数字高程模型的建立、地形分析等。

5.二次开发和编程功能:用户可以在自己的编程环境中调用 GIS 的命令和函数,或者 GIS 系统将某些功能做成专门的控件供用户开发使用。

由于应用目的不同,各领域、各专业对 GIS 的理解有所差异。目前对 GIS 的理解主要有三种观点。其一,GIS 就是空间数据库:GIS 是一个包含了用于表达通用 GIS 数据模型(要素、栅格、拓扑、网络等等)的数据集空间数据库。其二,GIS 就是地图:从空间可视化的角度看,GIS 是一套智能地图,同时也是用于显示地表上要素和要素间关系的视图。底层的地理信息可以用各种地图的方式进行表达,而这些表现方式可以被构建成"数据库的窗口"来支持查询、分析和信息编辑。其三,GIS 是空间数据处理分析工具集:从空间处理的角度看,GIS 是一套用来从现有的数据集中获取新数据集的信息转换工具。这些空间处理功能能从已有数据集提取信息,然后进行分析,最终将结果导入数据集中。

(二)ArcGIS 软件介绍

上述几种观点在 ESRI ArcGIS 中分别用 ArcCatalog(GIS 是一套地理数据集)、ArcMap(GIS 是一幅智能地图)和 ArcToolbox(GIS 是一套空间处理工具)来表达。这三部分是组成一个完整 GIS 的关键内容,并被用于 GIS 应用中的各个层面。

ESRI 公司的 ArcGIS 系列软件是一个全面的、完善的、可伸缩的 GIS 软件平台,无论是单用户还是多用户,无论是在桌面端、服务器端、互联网还是野外操作,都可以通过 ArcGIS 构建地理信息系统,其包括(1)ArcGIS Desktop:一个专业 GIS 应用的完整套件。(2)Embedded GIS:开发 GIS 应用的嵌入式开发组件。(3)Server GIS:含 ArcSDE,ArcIMS 和 ArcGIS Server。(4)Mobile GIS:ArcPad。

ArcGIS Desktop 是一个集成了众多高级 GIS 应用的软件套件,它包含一套带有用户界面组件的 Windows 桌面应用,从功能角度可以分为:(1)ArcView,提供全面的制图、数据使用及分析、简单的编辑与数据处理功能;(2)ArcEditor,具有 ArcView 的全部功能,此外包含高级的编辑功能,可实现对 Shape 文件和 Geodatabase 地理数据库的编辑;(3)ArcInfo,全功能的桌面级 GIS 旗舰产品,提供了比 ArcEditor 更多的功能,可以实现高级的地理空间数据处理,主要模块有 ArcMap、ArcCatalog 和 ArcToolbox。

四、实验步骤

(一)认识 GIS 硬件系统

1.输入设备:常规输入设备,如鼠标、键盘、数字化仪、扫描仪等;专用输入设备,如全站仪、GPS、数字摄影测量系统等。

2.存储与处理设备:光盘与光驱、移动硬盘、计算机处理器等。

(二)认识 GIS 软件系统

1.系统软件。打开计算机,认识操作系统软件,如 Windows XP 等。

2.GIS 软件。首先,打开 ArcGIS 桌面软件中的 ArcMap、ArcCatalog、Arc-Toolbox,认识 ArcGIS 桌面软件的构成;然后,在 ArcMap 或 ArcCatalog 的"帮助"菜单下点击 ArcGIS Desktop Help,打开帮助文档,了解 ArcGIS 的基本情况。

(1)ArcMap:集中了空间数据的显示、编辑、查询、统计、分析、制图和打印等功能。

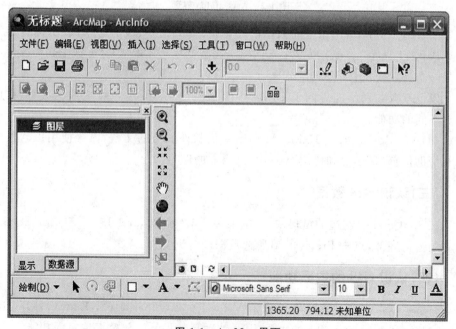

图 1-1　ArcMap 界面

(2)ArcCatalog:一个集成化的空间数据管理器。主要用于空间数据的浏览,数据结构定义,数据导入导出和拓扑规则的定义,检查元数据的定义和编辑修改等。

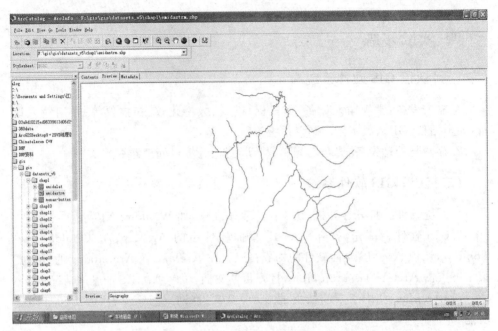

图 1-2　ArcCatalog 界面

（3）ArcToolbox：用于空间数据格式转换、叠加处理、缓冲区生成、坐标转换等的集成化"工具箱"。有 100 多个不同的空间数据处理工具。在 ArcGIS9.0 以后不再是一个独立模块。

以上三者关系不能等同于 Office 中 Word、Excel 和 Access 之间的关系，它们具有不同的功能。

（4）ArcGIS Desktop Help：ArcGIS 桌面软件的帮助文档，内含使用该软件的所有帮助信息，是学习和使用 ArcGIS 最得力的助手。

(三)认识 GIS 数据

在 ArcCatalog 左边的窗口中，选中某一数据（如 C:\arcGIS\ArcTutor\Data），在右边窗口底部，点击 Preview，对所选数据进行浏览。

(四)认识 GIS 的主要功能

1. 数据获取。启动 ArcMap，点击 View 下的 Toolbars，加载 Editor，打开 Editor 工具条，了解该工具条上的主要功能，特别是数据输入与数据编辑的功能。

2. 数据操作。启动 ArcToolbox，打开 Conversion Tools 工具箱，了解其中关于数据转换的工具；打开 Data Management Tools 工具箱，了解其中关于数据管理

图 1-3　ArcToolbox 界面

的工具。

　　3.数据存储与组织。在 ArcCatalog 左边的窗口中,选中某一数据(如 C:\arc-GIS\ArcTutor\Data),在右边窗口中,点击底部的 Table,浏览各项数据,了解 GIS 中空间数据的存储和组织。

　　4.数据分析。在 ArcToolbox 中分别打开 Analysis Tools、3D Analysis Tools、Network Analysis Tools、Tracing Analysis Tools 和 Spatial Analysis Tools 等工具箱,了解其中关于空间数据的常规分析、三维分析、网络分析、跟踪分析、空间分析等各类工具。

　　5.产品输出。在 ArcMap 中,点击 File 下拉菜单 Export Map,打开地图输出功能,了解 GIS 的地图输出功能。

实验二　ArcGIS 软件基本操作之一——ArcMap 绘图基础

一、实验目的

1.了解地理数据是如何进行组织并基于"图层"进行显示的。

2.认识 ArcMap 图形用户界面。

3.通过浏览与地理要素关联的数据表，了解地理数据是如何与其属性信息进行连接的。

4.掌握 GIS 两种基本查询操作，加深对其实现原理的理解。

5.初步了解并设置图层的显示方式——图例的使用。

二、实验准备

1.软件准备：确保计算机中已经正确安装了 ArcGIS Desktop 9.x 软件（ArcView、ArcEditor 或 ArcInfo）。

2.数据准备：Redlands 土地利用及街区矢量数据。

三、实验相关知识

ArcMap 是 ArcGIS 桌面系统的核心应用。它把传统的空间数据编辑、查询、显示、分析、报表和制图等 GIS 功能集成到一个简单的可扩展的应用框架上。ArcMap 提供了两种类型的操作界面，(1)地理数据视图：符号化显示、分析和编辑 GIS 数据集。(2)地图版面视图：处理地图的版面，包括地理数据视图和其他地图元素，比如比例尺、图例、指北针和参照地图等。

ArcMap 的主要功能是组织和编辑数据，设计和生成用于印刷的地图，在 ArcMap 中进行建模和分析，生成地图，并与 ArcReader、ArcGIS Engine、ArcIMS ArcMap Server 和 ArcGIS Server 应用程序共享。

四、实验步骤

(一)启动 ArcMap

启动 ArcMap。执行菜单命令:开始→所有程序→ArcGIS→ArcMap。当出现 ArcMap 对话框时,点击"一个新的空地图"单选按钮,然后点击"OK"确定。

当你在 ArcMap 中进行各种操作时,操作对象是一个地图文档。一个地图文档可以包含多个数据框架,数据框架根据数据集依次形成。地图文档存储在扩展名为".mxd"的文件中。

(二)检查要素图层

执行菜单命令 File→Open。浏览包含练习数据的文件夹(比如 D:\ArcgisEx\Ex1),然后点击 Redlands.mxd,再点击 Open 按钮。打开地图文档 Redlands 后,你会看到加州 Redlands 市的地图。地图显示以图层表示的几种地理要素,一个图层表示某种专题信息。在 ArcMap 窗口的左边区域称为图层控制面板(TOC),它显示的是图层列表。窗口的右边区域显示的是图层控制面板中各图层的图形内容。

例如,所有油炸圈饼店是点要素(以房屋符号表示),且被组合成名为 Donut Shops 图层。名为 Land use 的图层表示 Redlands 土地利用现状,在这个图层中,根据多边形的地类将其组合成不同类型的土地利用多边形。

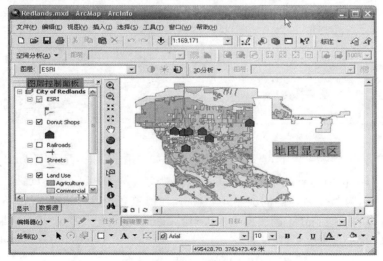

图 2-1　加载数据层的界面

(三)显示其他图层

在地图中显示其他图层,铁路、街道及 ESRI 的位置。选中 Railroads 图层旁边的检查框,Redlands 的铁路就会显示在图中。现在,选中 Streets 旁边的检查框就可以显示 Redlands 的街道。注意:图层 ESRI 没有被显示。

(四)查询地理要素

在 ArcMap 中,通过在地图显示区点击某个要素你就可以查询其属性,了解它是什么东西。首先,你应放大地图,这样你能更清楚地查看单个的要素。你可以使用一个先前创建的书签,这个书签存储着包含 ESRI 和附近街道的地理区域。执行菜单命令"视图"(View)→"书签"(Bookmarks)→"ESRI",当前右边显示区就被调整到书签 ESRI 所定义的区域。

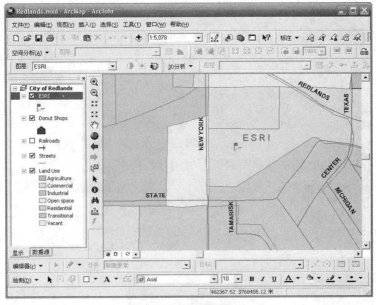

图 2-2　ESRI 书签显示

在"工具"(Tools)栏下,点击查询按钮 ❶。如果看不到"工具"(Tools)栏,在菜单"帮助"(Help)右边的菜单栏上点击右键,然后点击"工具"(Tools)选项。在表示纽约街道(名为 New York)的线要素上点击(在街道名左边的红色线段),查询结果窗口现在包含了"Land use"图层中与选中的街道相交的地块。在查询结果窗口的左边区域,点 Land use 左边的加号(+),然后点击第一个要素(可能会列出不止一个要素)。这样,选定地块的所有属性都会显示出来。

图 2-3　属性查询

(五)检查其他属性信息

在浏览显示图层列表(TOC)中某些图层的属性信息之前,要重置 ArcMap 地图文档的显示区域为原来的显示区域。地图显示区域可以通过地图书签来定义。地图书签是为了防止地图显示变得混乱,通过书签可以恢复到原来的显示区域和显示风格。执行菜单命令"视图"→"书签"→"Original"。

地图显示区将显示这些图层:Donut Shops、Railroads、Streets,及 Land Use。

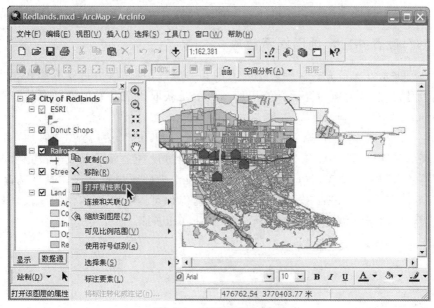

图 2-4　打开属性表界面

在图层列表（TOC）中选中 Railroads，然后点击右键执行"打开属性表"命令，这时会显示与"Railroads"图层相关的属性窗口。这个表中的每一行是一个记录，每个记录表示"Railroads"图层中的一个要素。请注意：图层中要素的数目也就是数据表中记录的个数，被显示在属性表窗口的底部，在这个例子中，有 7 个记录，其中有一个记录被选中。稍后，你将了解如何选中记录。向右拖动滚动条查看其他的属性。完成后，请关闭属性表窗口。同样的方法，查看图层——Donut Shops 的属性表。

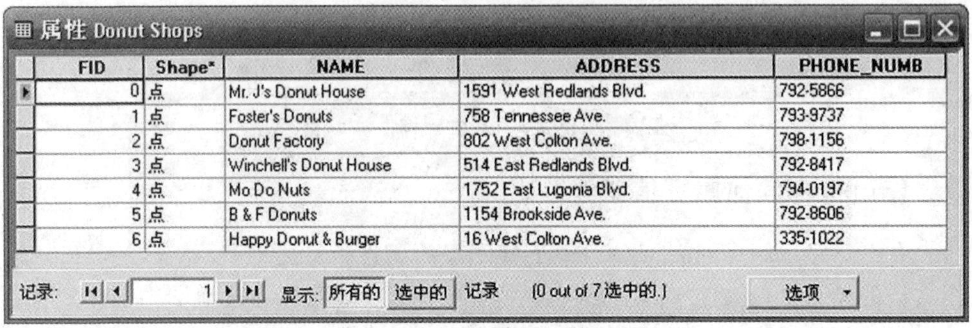

	FID	Shape*	NAME	ADDRESS	PHONE_NUMB
▶	0	点	Mr. J's Donut House	1591 West Redlands Blvd.	792-5866
	1	点	Foster's Donuts	758 Tennessee Ave.	793-9737
	2	点	Donut Factory	802 West Colton Ave.	798-1156
	3	点	Winchell's Donut House	514 East Redlands Blvd.	792-8417
	4	点	Mo Do Nuts	1752 East Lugonia Blvd.	794-0197
	5	点	B & F Donuts	1154 Brookside Ave.	792-8606
	6	点	Happy Donut & Burger	16 West Colton Ave.	335-1022

记录：｜◄ ◄ ［　　　1　］► ►｜ 显示：所有的 选中的 记录 ［0 out of 7 选中的.］ 选项 ▾

图 2-5　查看属性表

关闭属性表。最后，打开图层 Land Use 的属性表。注意每个要素（记录）有一个属性（字段）——LU_ABV，它记录的是地类代码（土地类型的缩写）。在地图中，就是根据这个属性字段的值来确定每个地块的渲染方式的。完成后关闭属性表。

(六)设置并显示地图提示信息

地图提示以文本方式显示某个要素的某一属性，当你保持将鼠标放在某个要素之上时，将会显示地图提示。使用地图提示是获取指定要素属性信息比较简单的一种方式。

在图层列表中（TOC），右键点击图层"Donut Shops"，然后点击"属性"命令。在出现的属性对话框中，点击"字段"选项页。通过设置主显示字段来设定地图提示信息的对应字段。你可以指定任意属性字段作为地图提示字段。默认情况下，ArcGIS 使用字段"Name"作为地图提示字段，但你可以改变为其他的字段。具体操作为在主显示字段下拉列表框中，选中字段：Address。

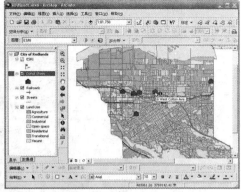

图 2-6 选择显示字段以及显示图像

点击 OK 按钮关闭图层属性对话框。将鼠标保持在图层 Donut Shops 中的任意一个要素之上。这个要素的"Address"就为作为地图提示信息显示出来。

(七)根据要素属性设置图层渲染样式

现在,图层 Streets 是以单一符号进行渲染,每个要素都是同一种符号,你可以根据要素的属性来设置不同的渲染方式。

首先,在图层列表(TOC)中反选 Land use 边上的检查框(将√去掉),从而关闭图层 Land Use 的显示。然后右键点击图层 Streets,点"属性"菜单命令。在出现的图层属性对话框中,点击"符号"选项页。

图 2-7 符号界面

在对话框的左边区域,有地图渲染方式列表。依次点击"类别",点击"唯一值"。在"值字段"的下拉列表中,选择字段"CLASS"。

图 2-8　字段选择

点击按钮"添加全部值"。点击按钮"应用"(Apply),先不要点击"确定"(OK),移动图层属性对话框到不碍眼的位置,这样你就可以看到地图的显示发生了变化。现在,图层 Streets 就以根据属性字段"CLASS"的取值不同而采用不同的符号表示。在图层属性对话框的渲染方式列表中,点"要素",然后点"确定"按钮,恢复原先的渲染方式和显示风格。

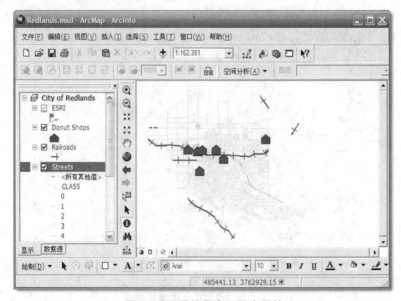

图 2-9　不同符号表示要素属性

(八)根据属性选择要素

在这一步中,选择及定位第 10 号州际公路。在图层列表(TOC)中,反选图层 Railroads 边上的检查框,关闭这个图层,下面的操作不需要显示这个图层。执行 菜单命令"选择"→"通过属性选择"。

在属性选择对话框中,你可以构造一个查询条件。通过构造表达式:Select * From Street WHERE "STR_NAME"="I 10",可以从数据库中找出第 10 号州 际公路。选中的要素将会在属性表及地图中高亮显示。

具体操作如下(如图 2-10):在图层下拉列表中,选择 Streets;在方法下拉列表 中,确定"创建一个新的选择集"被选中;在字段列表中,调整滚动条,双击"STR_ NAME"。然后,点击"="按钮,再点击"得到唯一值"按钮,在唯一值列表框中,找 到"I 10"后双击。

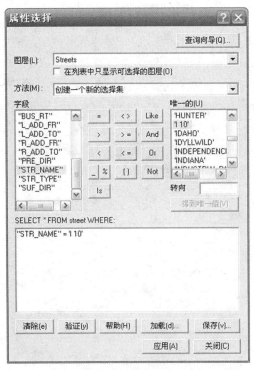

图 2-10 属性查询

点击"应用"按钮(注意:在地图显示区中属性为"I 10"的第 10 号州际公路被高亮 显示,选中的这些线段是第 10 号州际公路的组成部分),关闭属性选择对话框。

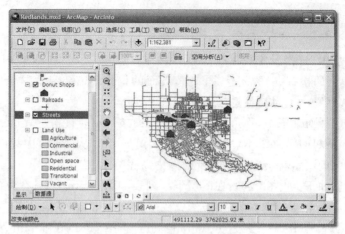

图 2-11　属性选中的图形显示

(九)使用空间关系选择地理要素

如果要选择处于距 10 号州际公路 1000 米范围内的所有油炸圈饼店。操作如下,执行菜单命令"选择"→"通过位置选择"。在"位置选择"对话框中(如图 2-12),对每项操作内容进行相应的选择,形成如下的一个表达式,"从图层 Donut Shops 中选择要素,这些要素位于距图层 Streets 中被选中的要素 1000 米的区域内"。选中检查框"对要素进行缓冲区操作",缓冲距离设为 1000 米。

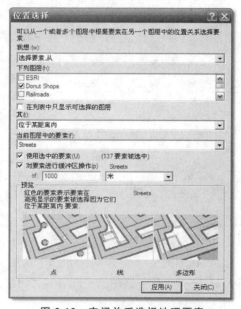

图 2-12　空间关系选择地理要素

依次点击"应用"按钮、"关闭"按钮。这时,在地图显示区中,处于沿 10 号州际公路 1000 米缓冲区范围内的油炸圈饼点就会被高亮显示(如图 2-11)。在图层列表(TOC)中,右键点击图层 Donut Shops,然后点"打开属性表"命令。此时,图层 Donut Shops 中选中的那些要素被高亮显示出来。

FID	Shape*	NAME	ADDRESS	PHONE_NUMB
0	点	Mr. J's Donut House	1591 West Redlands Blvd.	792-5866
1	点	Foster's Donuts	758 Tennessee Ave.	793-9737
2	点	Donut Factory	802 West Colton Ave.	798-1156
3	点	Winchell's Donut House	514 East Redlands Blvd.	792-8417
4	点	Mo Do Nuts	1752 East Lugonia Ave.	794-0197
5	点	B & F Donuts	1154 Brookside Ave.	792-8606
6	点	Happy Donut & Burger	16 West Colton Ave.	335-1022

记录: 1　显示: 所有的　选中的　记录　(5 out of 7 选中的。)　选项

图 2-13　图形高亮显示的属性表格

关闭属性表。以上的操作是通过空间分析实现的,在以后的课程中,你将学会更多、更深入的空间分析功能的使用方法。

(十)退出 ArcMap

执行菜单命令"File"→"Exit"关闭 ArcMap。如果系统提示保存修改(save changes),则点击"No"。

实验三　ArcGIS 软件基本操作之二 ——ArcCatalog 绘图基础

一、实验目的

利用 ArcCatalog 管理地理空间数据库，理解 Personal Geodatabse 空间数据库模型的有关概念。

二、实验准备

1. 软件准备：ArcGIS Desktop 9. x（ArcCatalog）。
2. 数据准备：实验数据 National. mdb，GPS. txt（GPS 野外采集数据）。

三、实验相关知识

ArcCatalog 用于组织和管理所有 GIS 数据。它包含一组工具：用于浏览和查找地理数据、记录和浏览元数据、快速显示数据集及为地理数据定义数据结构。

ArcCatalog 应用模块可以组织和管理所有的 GIS 信息，比如地图、数据集、模型、元数据、服务等。它的功能包括：

1. 浏览和查找地理信息。
2. 记录、查看和管理元数据。
3. 创建、编辑图层和数据库。
4. 导入和导出 geodatabase 结构和设计。
5. 在局域网和广域网上搜索和查找 GIS 数据。
6. 管理 ArcGIS Server。

ArcGIS 是具有表达要素、栅格等空间信息的高级地理数据模型，ArcGIS 支持基于文件和 DBMS(数据库管理系统)的两种数据模型。基于文件的数据模型包括 Coverage、Shape 文件、Grids、影像、不规则三角网(TIN)等 GIS 数据集。

Geodatabase 数据模型实现矢量数据和栅格数据的一体化存储，有两种格式，一种是基于 Access 文件的格式——Personal Geodatabase，另一种是基于 Oracle

或 SQL Server 等 RDBMS 关系数据库管理系统的数据模型。

GeoDatabase 是 geographic database 的简写,它是一种采用标准关系数据库技术来表现地理信息的数据模型,也是 ArcGIS 软件中最主要的数据库模型。

Geodatabase 支持在标准的数据库管理系统(DBMS)表中存储和管理地理信息。

在 Geodatabase 数据库模型中,可以将图形数据和属性数据同时存储在一个数据表中,使每一个图层对应一个数据表。

Geodatabase 可以表达复杂的地理要素,如河流网络、电线杆等,水系也可以同时表示线状和面状的水系。

四、实验步骤

(一)打开地理数据库

启动 ArcCatalog,打开一个地理数据库(如图 3-1)。

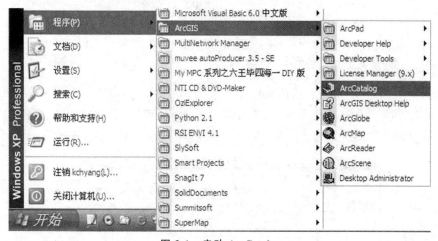

图 3-1　启动 ArcCatalog

当 ArcCatalog 打开后,点击按钮 ❑(连接到文件夹),建立包含练习数据的链接(比如"E:\ARCGIS\EXEC2")。

在 ArcCatalog 窗口左边的目录树中,点击创建文件夹连接图标旁的"十"号,双击个人空间数据库 National. mdb。打开后可以看到在 National. mdb 中包含有 2 个要素数据集、1 个关系类和 1 个属性表(如图 3-3)。

图 3-2 连接到指定的文件夹

图 3-3 空间数据库

(二)预览地理数据库中的要素类

在 ArcCatalog 窗口右边的数据显示区内(如图 3-4),点击"预览"选项页切换到"预览"视图界面。在目录树中,双击数据要素集"WorldContainer",点击要素类"Countries94"激活它。在此窗口下方的"预览"下拉列表中,选择"表格"。

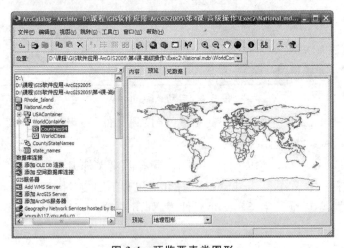

图 3-4 预览要素类图形

（三）创建缩图，查看元数据

（如图 3-5）在目录树中，选择地理数据库 National 中的要素类"Countries94"，切换到"预览"视图，点击工具栏  上的放大按钮，将图层放大到一定区域，然后再点 🔡 ，生成并更新缩略图。这时，切换到"内容"视图界面，并在目录树中选择要素集"WorldContainer"，数据查看方式更改为"缩略图"方式。注意此时要素类"Countries94"的缩略图是不是发生了改变。

图 3-5　要素类缩略图

点击"元数据"选项页，查看当前要素类的元数据，了解当前要素类是采用什么坐标系，都有哪些属性字段及字段的类型等信息。在元数据工具栏中，从样式表（如图 3-6）中选择不同的样式，可以看到元数据显示的格式发生了变化。

图 3-6　样式表

点击元数据导出按钮 🔄 ，可以将元数据导出为多种格式，这里我们选择"HTML"格式，点击"确定"后，元数据将被保存在指定路径下的 .html 文件中，在资源管理器中，打开这个 .html 文件，查看导出后的元数据信息。

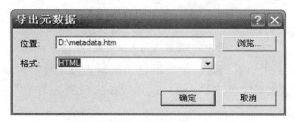

图 3-7　元数据导出 html 文件

(四)创建个人地理数据库(Personal Geodatabase-PGD)

在 PGD 数据库中创建属性表,然后录入数据。

1. 在创建的地理数据库之间要完成数据库的概念设计,每一个图层对应一个数据表,在 ArcCatalog 中"要素类"(Feature Class)的概念与之对应。可以将多个要素类组织成为一个"要素集"(Feature DataSet),同一个要素集中的要素类都具有相同的地理参考(坐标系相同)。

2. 在 ArcCatalog 的目录树中,右键点击 D 盘,在出现的菜单中,选择"新建"→"文件夹",文件夹名称改为"myGeoDB"。右键选中这个文件夹,在出现的菜单中,点击"新建"→"个人 Geodatabase",这时会创建一个名称为"新建个人 Geodatabase.mdb"的数据库文件,将之改名为"Yunnan"。

3. 右键点击数据库文件"Yunnan. mdb",在出现的菜单中,选择"导入"→"要素类(multiple)",在出现的对话框中,打开要导入的要素:云南县界 prj. shp/云南县城 prj. shp/云南道路 prj. shp(这些文件在 Exece2 文件夹下,按住 Shift 键并点击鼠标可同时选择多个 Shape 文件)。

图 3-8　要素类导入空间数据库

点击"确定"后,可以看到这三个图层已经被导入数据库 Yunnan. mdb 中。

4. 右键点击数据库文件"Yunnan. mdb",在出现的菜单中,选择"新建"→"要素集"(如图 3-9)。

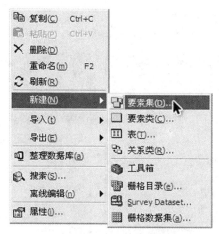

图 3-9 创建要素集

5. 在出现的对话框中输入要素集的名称，点击按钮"选择"，为其指定一个坐标系。

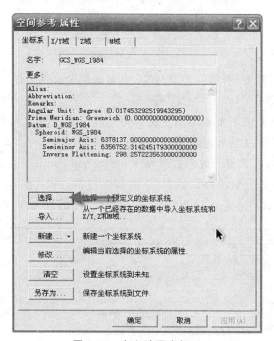

图 3-10 定义地图坐标系

在这里，我们设定坐标系为：GCS_WGS_1984（即 Geographic Coordinate System→World→WGS 1984. prj），这是一种被 GPS 采用的地理坐标系。右键点击新建的要素集 Kunming，在出现的菜单中选择"新建"→"要素类"，在出现的对话框中输入要素类的名称"公交站点"，点击"下一步"，再次点击"下一步"按钮。在出现的对话框中选择"Shape"字段(如图3-11),修改字段的几何类型为"点"(表示此要素类中将要存储的要素类型是点要素,准备用来存储公交站点)。

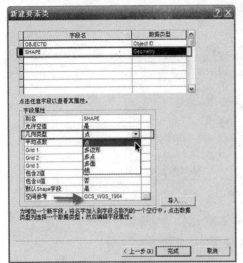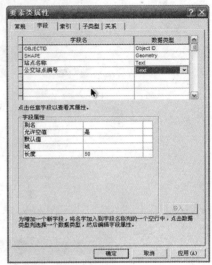

图 3-11　添加字段

在当前的对话框中,新加两个字段"站点名称""公交站点编号"(如图3-11),数据类型都设置为"Text",点击"完成"按钮。

6.这样我们就完成了要素类的定义。可以将这个要素类(图层)加入 ArcMap 中,进行数字化处理,从背景地图中提取公交站点的位置。

7.新建数据表:右键点击地理数据库 Yunnan. mdb,在出现的菜单中选择"新建"→"表",输入表名称"公交线路",点击"下一步",再次点击"下一步",在对话框中新添加两个字段"公交站点编号""公交线路",数据类型都设为 Text(如图3-12)。

字段名	数据类型
OBJECTID	Object ID
公交站点编号	Text
公交线路	Text

图 3-12　添加公交站点编号和公交线路字段

点击"完成",结束属性表的定义。

8.创建公交站点到公交线路一对多的关系(1∶M)。右键选择地理数据库 Yunnan. mdb,在出现的菜单中选择"新建"→"关系类",对下面的内容进行设定,其他设置接受默认选项即可(如图3-13)。

选择关系类型为"一对多"关系（如图 3-13），这样可以建立公交站点到公交线路一对多的关系。经过一个公交站点的公交线路有多条，只有选择一对多的关系，我们才能从公交站点分布图中查询经过某个站点的所有公交线路。点击下一步，直到完成关系类的定义。

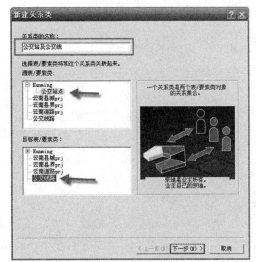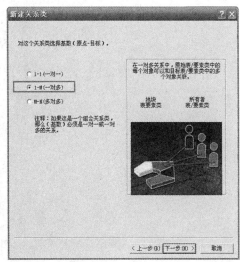

图 3-13　创建公交站点到公交线路一对多的关系

9. 以上步骤完成后，在 ArcCatalog 中就可以看到，在地理数据库 Yunana. mdb 中，有一个要素集（Kunming），其中包含一个要素类（公交站点）、一个数据表（公交线路）、一个关系类（公交站及公交线 1：M）（如图 3-14）。

图 3-14　地理数据库结构

(五)退出 ArcCatalog

执行菜单命令"File"→"Exit",关闭 ArcCatalog。

■ 第二部分

空间参照系统和地图投影

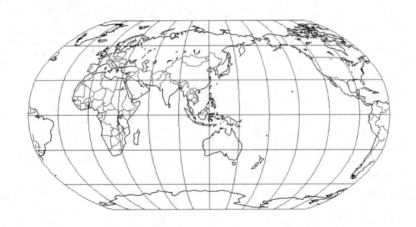

实验四　投影定义与投影转换

一、实验目的

熟悉 GIS 中坐标系统的作用和分类,掌握 ArcGIS 中投影的含义和类型,了解各投影类型的投影方法、分带含义,以及我国常用各投影类型(北京 54 坐标、西安 80 坐标和 WGS84)之间的区别,同时熟悉投影定义和转换的方法。

二、实验准备

1. 软件准备:ArcGIS Desktop 9. x(ArcMap、ArcCatalog 和 ArcToolbox)。
2. 数据准备:数据文件 china_prov。

三、实验相关知识

(一)GIS 坐标系统

GIS 处理的是空间信息,而所有对空间信息的量算都是基于某个坐标系统的,因此 GIS 中坐标系统的定义是 GIS 系统的基础,正确理解 GIS 中的坐标系统就变得尤为重要。坐标系统又可分为两大类:地理坐标系统(球面坐标系统)、投影坐标系统(平面坐标系统)。

1. 地理坐标系统(Geographic coordination system,缩写为 GCS)又被称作球面坐标系统,是使用三维球面来定义地球表面的空间位置,主要以经纬度为存储单位($° ′ ″$)。GCS 坐标系统包含两个方面:椭球体和基准面。

(1)地球椭球体(Ellipsoid)。众所周知,地球表面是凸凹不平的,而对于地球测量而言,地表是一个无法用数学公式表达的曲面,这样的曲面不能作为测量和制图的基准面。假想一个扁率极小的椭圆,绕大地球体短轴旋转所形成的规则椭球体,并称之为地球椭球体。地球椭球体表面是一个规则的数学表面,可以用数学公式表达,所以在测量和制图中就用它替代地球的自然表面。因此就有了地球椭球体的概念。

地球椭球体有长半径和短半径之分,长半径(a)即赤道半径,短半径(b)即极半径。$f=(a-b)/a$ 为椭球体的扁率,表示椭球体的扁平程度。由此可见,地球椭球体的形状和大小取决于 a、b、f。因此,a、b、f 被称为地球椭球体的三要素。Arc-GIS(ArcInfo)桌面软件中提供了 30 种地球椭球体模型,常见的地球椭球体数据如表 4-1 所示:

表 4-1 常见的地球椭球体参数

椭球名称	年代	长半径	扁率	附注
德兰勃	1800	6 375 653	1:334.0	法国
瓦尔别克	1819	6 376 896	1:302.8	俄国
埃弗瑞斯特	1830	6 377 276	1:300.801	英国
艾黎	1830	6 376 542	1:299.3	英国
贝塞尔	1841	6 377 397	1:299.152	德国
克拉克	1856	6 377 862	1:298.1	英国
克拉克	1863	6 378 288	1:294.4	英国
克拉克	1866	6 378 206	1:294.978	英国
克拉克	1880	6 378 249	1:293.459	英国
日丹诺夫	1893	6 377 717	1:299.7	俄国
赫尔默特	1906	6 378 140	1:298.3	德国
海福特	1906	6 378 283	1:297.8	美国
赫尔默特	1907	6 378 200	1:298.3	德国
海福特	1910	6 378 388	1:297.0	1942 年国际第一个推荐值
热海景良	1933	6 376 918	1:310.6	日本
川烟辛夫	1935	6 377 087	1:304.0	日本
克拉索夫斯基	1940	6 378 245	1:298.3	苏联
柯洛柯夫	1955	6 378 203	1:298.3	苏联
霍夫	1956	6 378 270	1:297.0	美国
WGS	1960	6 378 156	1:298.3	美国国防部 1960 年世界大地坐标系
弗希尔	1960	6 378 160	1:298.329	美国
凡氏(C—5)	1965	6 378 169	1:298.25	美国施密森天文台
凡氏(C—5)	1966	6 378 165	1:298.25	美国施密森天文台

对地球椭球体而言,其围绕旋转的轴叫地轴。地轴的北端称为地球的北极,南端称为南极;过地心与地轴垂直的平面与椭球面的交线是一个圆,这就是地球的赤道;过英国格林尼治天文台旧址的地轴平面与椭球面的交线称为本初子午线。以地球的北极、南极、赤道和本初子午线等作为基本要素,即可构成地球椭球面的地理坐标系统。可以看出地理坐标系统是球面坐标系统,以经度/纬度[通常以十进制度或度分秒(DMS)的形式]来表示地面点位。地理坐标系统以本初子午线为基准(向东、向西各分了180°),其东为东经,值为正,其西为西经,值为负;以赤道为基准(向南、向北各分了90°),其北为北纬,值为正,其南为南纬,值为负。

(2)大地基准面(Geodetic datum)。大地基准面为最密合部分或全部大地水准面的数学模式。它由椭球体本身及椭球体和地表上一点视为原点之间关系来定义。GIS中的基准面,通过当地基准面向WGS1984转换的7参数来定义,转换通过相似变换方法实现(具体算法可参考科学出版社1999年出版的《城市地理信息系统标准化指南》第76至86页)。假设X_g、Y_g、Z_g表示WGS84地心坐标系的三坐标轴,X_t、Y_t、Z_t表示当地坐标系的三坐标轴,那么自定义基准面的7参数分别为:三个平移参数ΔX、ΔY、ΔZ表示两坐标原点的平移值;三个旋转参数εx、εy、εz表示当地坐标系旋转至与地心坐标系平行时,分别绕X_t、Y_t、Z_t的旋转角;最后是比例校正因子,用于调整椭球大小。

那么现在让我们把地球椭球体和基准面结合起来看,在此我们把地球比作是"马铃薯",表面凸凹不平,而地球椭球体就好比一个"鸭蛋",那么按照我们前面讲的基准面,就定义了怎样拿这个"鸭蛋"去逼近"马铃薯"某一个区域的表面,X、Y、Z轴进行一定的偏移,并各自旋转一定的角度,大小不适当的时候就缩放一下"鸭蛋",通过如上的处理必定可以达到很好逼近地球某一区域的表面状态。

每个国家或地区均有各自的基准面,我们通常称谓的北京54坐标系、西安80坐标系,实际上指的是我国的两个大地基准面。我国参照苏联从1953年起采用的克拉索夫斯基(Krassovsky)椭球体建立了我国的北京54坐标系,1978年采用国际大地测量协会推荐的1975地球椭球体(IAG75)建立了我国新的大地坐标系——西安80坐标系,目前大地测量基本上仍以北京54坐标系作为参照。WGS1984基准面采用WGS84椭球体,它是一地心坐标系,即以地心作为椭球体中心,目前GPS测量数据多以WGS1984为基准。克拉索夫斯基(Krassovsky)、1975地球椭球体(IAG75)、WGS1984椭球体的参数可以参考常见的地球椭球体数据表。

椭球体与基准面之间的关系是一对多的关系,也就是基准面是在椭球体基础上建立的,但椭球体不能代表基准面,同样的椭球体能定义不同的基准面。地球椭球体和基准面之间的关系,以及基准面是如何结合地球椭球体,从而逼近地球表面的,可以通过图4-1了解。

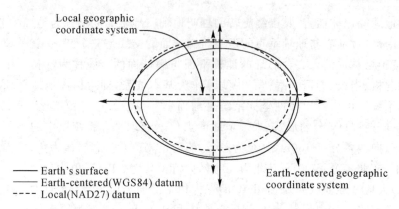

图 4-1　基准面定义椭球体拟合地表某一区域表面

2.投影坐标系统(Projected Coordinate Systems)。地球椭球体表面也是个曲面,而我们日常生活中的地图及量测空间通常是二维平面,因此在地图制图和线性量测时首先要考虑把曲面转化成平面。由于球面上任何一点的位置都是用地理坐标(λ,φ)表示的,而平面上点的位置是用直角坐标(x,y)或极坐标(r,θ)表示的,所以要想将地球表面上的点转移到平面上,必须采用一定的方法来确定地理坐标与平面直角坐标或极坐标之间的关系。这种在球面和平面之间建立点与点之间函数关系的数学方法,就是地图投影法。在 ArcGIS 中对北京 54 投影坐标系统的定义参数为:

Projection：Gauss_Kruger

Parameters：

False_Easting：500000.000000

False_Northing：0.000000

Central_Meridian：117.000000

Scale_Factor：1.000000

Latitude_Of_Origin：0.000000

Linear Unit：Meter (1.000000)

Geographic Coordinate System：

Name：GCS_Beijing_1954

Alias：

Abbreviation：

Remarks：

Angular Unit：Degree (0.017453292519943299)

Prime Meridian：Greenwich (0.000000000000000000)

Datum：D_Beijing_1954

Spheroid：Krasovsky_1940

Semimajor Axis：6378245.000000000000000000

Semiminor Axis：6356863.018773047300000000

Inverse Flattening：298.300000000000010000

从参数中可以看出，每一个投影坐标系统都必定会有 Geographic Coordinate System（地理坐标系统）。由此可知，投影所需要的必要条件是：任何一种投影都必须基于一个椭球（地球椭球体）；将球面坐标转换为平面坐标的过程（投影算法）。简单地说，投影坐标系是地理坐标系＋投影过程。

（二）投影方法介绍

1.高斯—克吕格（Gauss-Kruger）投影。由德国数学家、物理学家、天文学家高斯（Carl Friedrich Gauss，1777—1855）于 19 世纪 20 年代拟定，后经德国大地测量学家克吕格（Johannes Kruger，1857—1928）于 1912 年对投影公式加以补充，故名为高斯—克吕格（Gauss-Kruger）投影，是一种"等角横切圆柱投影"。设想用一个圆柱横切于球面上投影带的中央经线，按照投影带中央经线投影为直线且长度不变，和赤道投影为直线的条件，将中央经线两侧一定经差范围内的球面，正形投影于圆柱面。然后将圆柱面沿过南北极的母线剪开展平，即获高斯—克吕格投影平面。高斯—克吕格投影后，除中央经线和赤道为直线外，其他经线均为对称于中央经线的曲线。高斯—克吕格投影没有角度变形，在长度和面积上的变形也很小，中央经线无变形，自中央经线向投影带边缘，变形逐渐增加，变形最大处在投影带内赤道的两端。按一定经差将地球椭球面划分成若干投影带，这是高斯—克吕格投影中限制长度变形最有效的方法。

分带时既要控制长度变形使其不大于测图误差，又要使带数不致过多，以减少换带计算工作，据此原则将地球椭球面沿子午线划分成经差相等的瓜瓣形地带，以便分带投影。通常按经差 6 度或 3 度分为六度带或三度带。六度带自 0 度子午线起每隔经差 6 度自西向东分带，带号依次编为第 1、2……60 带；三度带是在六度带的基础上分成的，它的中央子午线与六度带的中央子午线和分带子午线重合，即自 1.5 度子午线起每隔经差 3 度自西向东分带，带号依次编为三度带第 1、2……120 带。我国的经度范围西起 73°东至 135°，可分成六度带十一个或三度带二十二个，六度带各带中央经线依次为 75°、81°、87°……117°、123°、129°、135°。

我国大于等于 50 万的大中比例尺地形图，多采用六度带高斯—克吕格投影，三度带高斯—克吕格投影多用于大比例尺 1：1 万测图，如城建坐标多采用三度带的高斯—克吕格投影。高斯—克吕格投影按分带方法各自进行投影，故各带坐标成独立系统。以中央经线(L0)投影为纵轴 X,赤道投影为横轴 Y,两轴交点即为各带的坐标原点。为了避免横坐标出现负值,高斯—克吕格规定投影北半球投影时将坐标纵轴西移 500 km 当作起始轴。由于高斯—克吕格投影每一个投影带的坐标都是对本带坐标原点的相对值,所以各带的坐标完全相同,为了区别某一坐标系统属于哪一带,通常在横轴坐标前加上带号,如(4231898m,21655933m),其中 21即为带号。高斯—克吕格投影及分带示意图如下:

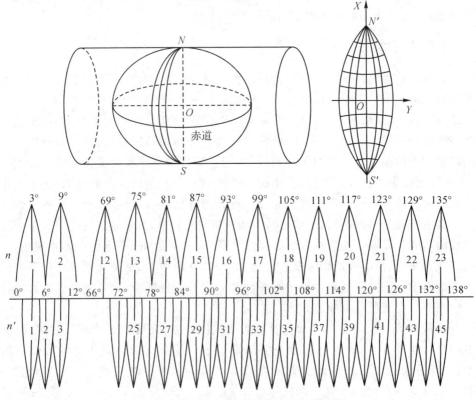

图 4-2　高斯—克吕格投影及分带示意图

在 ArcGIS 中,我国地图的投影定义一般是在 ArcMap 或是 ArcCatalog 中选择系统预定义的北京 54 和西安 80 坐标系统。如在 Coordinate Systems\Coordinate Systems\Projected Coordinate Systems\Gauss Kruger\Beijing 1954 目录中显示的那样。

高斯—克吕格投影通常在地图上绘有一种或两种坐标网:经纬网和方里网。

经纬网是由经线和纬线所构成的坐标网,又称地理坐标网。在制图方面有重要作用:其一,是编制地图的控制系统之一,用以确定地面点的实地位置;其二,是计算和分析地图投影变形的依据,用来确定地图比例尺和量测距离、角度和面积;其三,在 1∶5000~1∶25 万比例尺地形图上,经纬线只以内廓线形式呈现,并在图幅四个角点处注出度数;其四,是为了便于用图时加密成网,在其中≤1∶1 万的地形图,内外图廓间用 1′为单位绘出分度带短线,供需要时连对应短线构成加密的经纬网;其五,在 1∶25 万以上地形图上,除在内图廓线上绘有分度带外,在图内还以10′为单位绘出加密的十字线;其六,是针对 1∶50 万地形图,除在内图廓线上绘出加密分划短线外,还在图面上直接绘出经纬网。

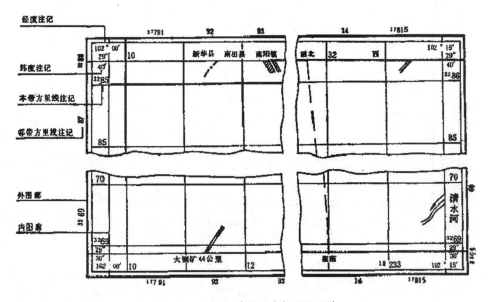

图 4-3 1∶5 万地形图坐标网和图廓

方里网是根据实际使用需要,在大比例地形图上,除绘有地理坐标网外还加绘了直角坐标网,即方里网。方里网是由高斯投影带纵横坐标值均为整数千米的两组平行直线所构成的方格网。鉴于高斯投影的中央经线与赤道互相垂直,故取中央经线投影后的直线为纵坐标轴 X,赤道投影后的直线为横坐标轴 Y,以两点的交点 O 为原点,构成高斯—克吕格平面直角坐标系;纵坐标轴从赤道起,以北为正,以南为负;横坐标从中央经线起,以东为正,以西为负。我国位于北半球,X 值全为正值,而 Y 坐标则有正有负,在赤道上最大值为 330 km,为了避免负值在使用上的不便,规定将每带的纵坐标轴向西平移 500 km。《高斯—克吕格投影坐标表》中的 Y 值是未平移 500 km 的,而地形图上标注的 Y 值是根据表中查取的 Y 值加上 500 km 后的数值。

2.通用横轴墨卡托投影(UTM)。这是一种"等角横轴割圆柱投影",椭圆柱割

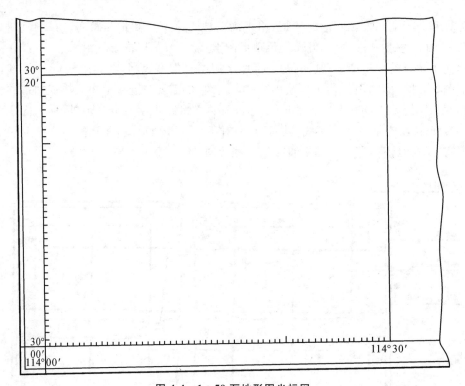

图 4-4　1∶50 万地形图坐标网

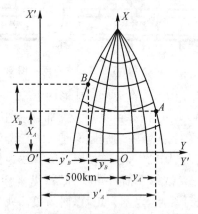

图 4-5　横坐标轴西移 500 km 示意图

地球于南纬 80 度、北纬 84 度两条等高圈，投影后两条相割的经线上没有变形，而中央经线上长度比为 0.9996。UTM 投影是为了全球战争的需要创建的，美国于 1948 年完成这种通用投影系统的计算。与高斯—克吕格投影相似，该投影角度没有变形，中央经线为直线，且为投影的对称轴，中央经线的比例因子取 0.9996 是为了保证离中央经线左右约 330 km 处有两条不失真的标准经线。UTM 投影分带方法与高斯—克吕格投影相似，是自西经 180°起每隔经差 6 度自西向东分带，将地球划分为 60 个投影带。我国的卫星影像资料常采用 UTM 投影。

该投影与高斯—克吕格投影的主要差别在比例因子上，高斯—克吕格投影中央经线上的比例系数为 1，UTM 投影为 0—0.9996，高斯—克吕格投影与 UTM 投影可近似采用 X[UTM]＝0—0.9996×X[高斯]，Y[UTM]＝0—0.9996×Y[高斯]，进行坐标转换（注意：如坐标纵轴西移了 500 km，转换时必须将 Y 值减去 500000，乘上比例因子后再加 500000）。从分带方式看，两者的分带起点不同，高斯—克吕格投影自 0 度子午线起每隔经差 6 度自西向东分带，第 1 带的中央经度为 3 度；UTM 投影自西经 180 度起每隔经差 6 度自西向东分带，第 1 带的中央经度为 −177 度，因此高斯—克吕格投影的第 1 带是 UTM 的第 31 带。此外，两投影的东伪偏移都是 500 公里，高斯—克吕格投影北伪偏移为 0，UTM 北半球投影北伪偏移为 0，南半球则为 10000 公里。

3. 兰勃特（Lambert）投影。又名"等角正割圆锥投影"，由德国数学家兰勃特（J. H. Lambert）在 1772 年拟定。设想用一个正圆锥切于或割于球面，应用等角条件将地球面投影到圆锥面上，然后沿一母线展开，即为兰勃托投影平面。投影后纬线为同心圆弧，经线为同心圆半径。兰勃特投影采用双标准纬线相割，与采用单标准纬线相切比较，其投影变形小而均匀。兰勃托投影的变形分布规律是：（1）角度没有变形，即投影前后对应的微分面积保持图形相似，故亦可称为正形投影；（2）等变形线和纬线一致，即同一条纬线上的变形处处相等；（3）两条标准纬线上没有任何变形；（4）在同一经线上，两标准纬线外侧为正变形（长度比大于 1），而两标准纬线之间为负变形（长度比小于 1），因此，变形比较均匀，变形绝对值也比较小；（5）同一纬线上等经差的线段长度相等，两条纬线间的经纬线长度处处相等。我国 1∶100 万地形图采用了兰勃特投影。

（三）北京 54 坐标系、西安 80 坐标系与 WGS-84 区别

北京 54 坐标系（BJZ54）为地心大地坐标系，长轴 6378245 m，短轴 6356863 m，扁率 1/298.3，大地上的一点可用经度 L54、纬度 M54 和大地高 H54 定位，其采用了苏联的克拉索夫斯基椭球参数，并与苏联 1942 年坐标系进行联测，通过计算建立了我国大地坐标系，定名为 1954 年北京坐标系。因此，1954 年北京坐标系可以认为是苏联 1942 年坐标系的延伸，它的原点不在北京而是在苏联的普尔科沃。

西安 80 坐标系是采用地球椭球基本参数，长轴 6378140 m，短轴 6356755 m，扁率 1/298.3，即 IAG75 地球椭球体。该坐标系的大地原点设在我国中部的陕西省泾阳县永乐镇，位于西安市西北方向约 60 公里，故称 1980 年西安坐标系，又简

称西安大地原点。基准面采用青岛大港验潮站 1952—1979 年确定的黄海平均海水面(即 1985 国家高程基准)。

WGS—84 坐标系(World Geodetic System)是一种国际上采用的地心坐标系，其长轴 6378137 m,短轴 6356752 m,扁率 1/298.3。坐标原点为地球质心,其地心空间直角坐标系的 Z 轴指向国际时间局(BIH)1984.0 定义的协议地极(CTP)方向,X 轴指向 BIH1984.0 的协议子午面和 CTP 赤道的交点,Y 轴与 Z 轴、X 轴垂直构成右手坐标系,称为 1984 年世界大地坐标系。这是一个国际协议地球参考系统(ITRS),是目前国际上统一采用的大地坐标系。GPS 是以 WGS-84 坐标系为根据的。

(四)投影转换

投影转换是将一种地图投影点的坐标变换为另一种地图投影点坐标的过程。在常规编图作业中,为将基本制图资料转绘到新编图经纬网中,常用照相、缩放仪、光学投影和网格等转绘法,以达到地图投影变换的目的。目前基本方法有:

1.解析变换法。即找出两投影间的解析关系式。通常有反解变换法,或称间接变换法,即{xi,yi}→{i,λi}→{Xi,Yi};正解变换法,或称直接变换法,即{xi,yi}→{Xi,Yi}。

2.数值变换法。根据两投影间的若干离散点,或称共同点,运用数值逼近理论和方法建立它们间的函数关系,或直接求出变换点的坐标。

3.数值解析变换法。将上述两类方法相结合,即按数值法实现{xi,yi}→{i,λi}的变换,再按解析法实现{i,λi}→{Xi,Yi}的变换。

计算机辅助建立地图数学基础及地图投影变换软件研究的深入,进一步开拓了数学地图学的应用领域。其中计算机辅助地图投影变换将代替传统的变换方法,这将是制图生产中具有突破性的变革。在 ArcGIS 中,ArcToolBox 能实现投影变换,如 ArcToolBox→Data Management Tools→Projections and Transformations 中提供了如下工具:Define Projection、Feature→Project、Raster→Project Raster、Create Custom Geographic Transformation。

由于我国经常使用的坐标系为北京 54 和西安 80。这两个坐标系变换到其他坐标系下时,通常需要提供一个 Geographic Transformation,因为不同投影所基于的椭球体及 Datum 不同。关键是 Datum 不同,也就是说当两个投影基于不同的 Datum 时就需要制定参数做 Geographic Transformation。这就要用到转换 3 参数、转换 7 参数(三个平移参数 ΔX、ΔY、ΔZ 表示两坐标原点的平移值;三个旋转参数 εx、εy、εz 表示当地坐标系旋转至与地心坐标系平行时,分别绕 X_t、Y_t、Z_t 的旋转角;最后是比例校正因子,用于调整椭球大小),而我们国家的转换参数是保密的,因此可以自己计算或在购买数据时向国家测绘部门索要。

四、实验步骤

(一)加载实验数据

打开软件,加载实验数据 china_prov(如图 4-6)。

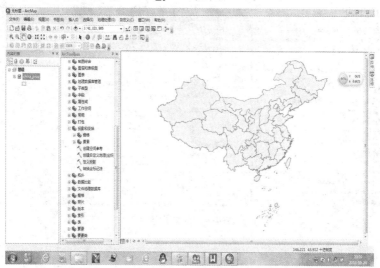

图 4-6   加载数据

(二)检查数据的投影信息

右键点击该数据层,在下拉菜单中点击"properties",选择"coordinate system"选项卡(如图 4-7),如果为 unknow,则表示无投影信息。

图 4-7   检查数据的投影信息

(三)启动定义投影

启动 ArcToolbox 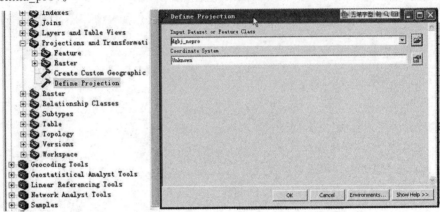,在 ArcToolbox 中选择数据管理工具→投影和变换→定义投影,出现图 4-8 所示界面,在输入要素集或要素类里选择要进行定义投影的数据 china_prov。

图 4-8　定义投影

(四)选择投影类型

点击 ,然后点击 Select,选择 Geographic Coordinate Systems→Asia→Beijing 1954,出现图 4-9 的地理坐标系属性设置界面。出现以下对话框,点击"OK",完成地图投影定义。

图 4-9　选择投影类型

（五）检查投影类型

关闭原 ArcMap 窗口，再重新打开 ArcMap，并重新添加 china_prov 文件，打开 data Frame proporties，选择"coordinate system"选项卡，查看投影信息，并确认该数据已有投影信息（状态栏显示经纬度坐标）。

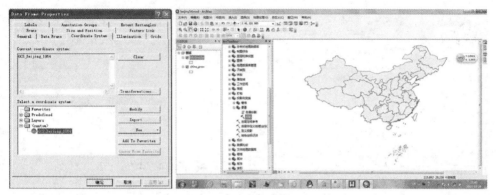

图 4-10　检查投影信息

（六）启动投影转换工具

打开 ArcToolbox，选择 Data Management Tools→Projections and transfor-mations，点击 Project。

（七）投影变换之一

经纬网坐标转换为公里网坐标，即将地理坐标系转换为平面坐标系。点击 ，再点击 select，选择 Projected Coordinate Systems（投影坐标系），而不是 Geographic Cooedinate Systems（地理坐标系），如图 4-11，选择相应的坐标系，点击确定。

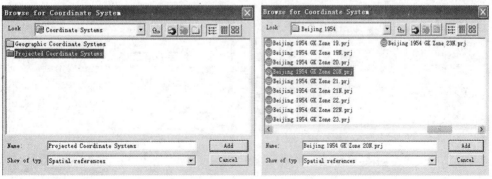

图 4-11　选择坐标系

（八）检查投影类型

关闭原 ArcMap 窗口，再重新打开 ArcMap，并重新添加 china_prov 文件，打开 data Frame proporties，选择"coordinate system"选项卡，查看投影信息，并确认该数据已有投影信息（状态栏显示公里网坐标）。

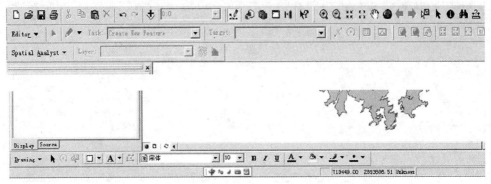

图 4-12　查看状态栏地理坐标信息

（九）投影变换之二

地理坐标转换 World_Mollweide 投影。打开 ArcToolbox，选择 Data Management Tools→Projections and transformations，点击 Project。投影界面，首先在输入数据集或要素类里选择要进行投影变换的数据，在输出数据集或要素类里选择输出路径及文件名，在输出坐标系里选择 World_Mollweide（如图 4-13）。

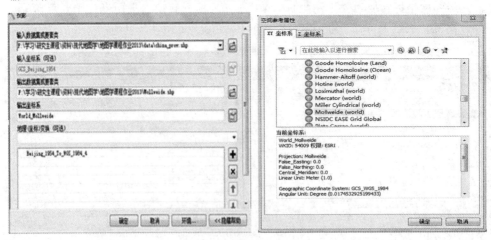

图 4-13　地理坐标转换

(十)检查投影类型

关闭原 ArcMap 窗口,再重新打开 ArcMap,并重新添加 china_prov 文件,打开 data Frame proporties,选择"coordinate system"选项卡,查看投影信息,并确认该数据的已有投影信息。如图 4-14 为投影变换后的 Mollweide 投影图。

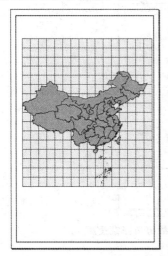
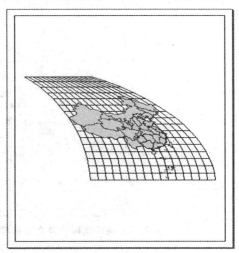

图 4-14　投影变换前后的 Mollweide 投影图

(十一)投影变换之三

将 GCS_1954 转换成 WGS_1984,可使用同样的方法变换成墨卡托投影(如图 4-15)。

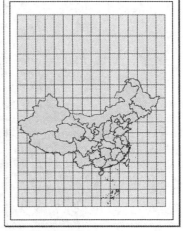

图 4-15　GCS_1954 转换成 WGS_1984

(十二)投影变换之四

地理坐标转换为双标准线等角圆锥投影。使用同样的方法变换成双标准线等角圆锥投影——25N,45N 标准线,中央经线 110E 投影类型(如图 4-16)。

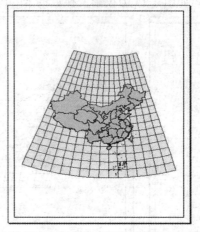

图 4-16　地理坐标转换为双标准线等角圆锥投影

■ 第三部分

. . . .

空间数据采集与处理

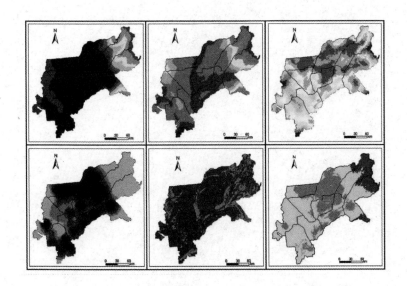

实验五　ArcGIS 基本操作与数据表示

一、实验目的

了解 ArcGIS 的基本操作及 ArcGIS 中空间数据的不同表示方法。

二、实验准备

1.软件准备:ArcGIS Desktop 9.x。
2.数据准备:江苏省基础地理数据。

三、实验相关知识

准确、高效地获取空间数据是 GIS 运行的基础。空间数据的来源多种多样,包括地图数据、野外实测数据、空间定位数据、摄影测量与遥感图像、多媒体数据等等。不同的数据有不同的采集方法,能够获取的空间数据也不尽相同,这其中涉及:(1)数据源的选择;(2)采集方法的确定;(3)数据的进一步编辑与处理,包括错误消除、数学基础变换、数据结构与格式的重构、图形的拼接、拓扑的生成、数据的压缩、质量的评价与控制等等,保证采集的各类数据符合数据入库及空间分析的需求;(4)数据入库,让采集的空间数据统一进入空间数据库。

(一)空间数据的数据源分类

数据源是指建立 GIS 的空间数据库所需的各种数据的来源。GIS 数据源比较丰富,类型多种多样。根据数据获取方式可以分为:(1)地图数据。地图是传统的空间数据存储和表达的方式,数据丰富且具有很高的精度。经过数字化处理的国家基本比例尺系列地形图,以及各类专题地图,是 GIS 最重要的数据源之一。(2)遥感数据。随着航空、航天和卫星遥感技术的发展,遥感数据以其现时性强等诸多优点迅速成为 GIS 的主要数据源之一。摄影测量技术可以从立体像对中获取地形数据,对遥感影像的解译和判读还可以得到诸如土地利用类型图、植被覆盖类型图等诸多数据信息。(3)实测数据。各种野外、实地测量数据也是 GIS 常用的获取数据的方式。实测数据具有精度高、现势性强等优点,可以根据系统需要灵活地进行补充。(4)共享数据。地理信息系统发展的过程中,产生了大量的数据信息。经过格式转换,许多数据、信息在不同的系统中是可以重复利用的。(5)其他数据。通过其他方式获取的数据。按照数据的表现形式还可以将数据分为数字化数据、多媒体数据,及文本资料数据等。

(二)数据源特性

1.地图数据。地图是 GIS 的主要数据源,因为地图包含着丰富的内容,不仅含有实体的类别和属性,而且含有实体间的空间关系。地图数据主要通过对地图的跟踪数字化和扫描数字化获取。地图数据不仅可以作宏观的分析(用小比例尺地图数据),而且可以作微观的分析(用大比例尺地图数据),是具有共同参考坐标系统的点、线、面二维平面形式的表示,主要包括普通地图和专题地图。在应用地图数据时应注意以下几点:其一,地图存储介质的缺陷,由于地图多为纸质,在不同的存放条件下存在不同程度的变形,具体应用时,须对其进行纠正;其二,地图现势性较差,传统地图更新周期较长,造成现存地图的现势性不能完全满足实际需要;其三,地图投影的转换,使用不同投影的地图数据进行交流前,须先进行地图投影的转换。

2.遥感数据。遥感影像(航空、卫星)数据是 GIS 的重要数据源。遥感数据含有丰富的资源与环境信息,在 GIS 支持下,可以与地质、地球物理、地球化学、地球生物、军事应用等方面的信息一同进行信息复合和综合分析。遥感数据是一种大面积的、动态的、近实时的数据源,遥感技术是 GIS 数据更新的重要手段。遥感数据主要用于提取线划数据和生成数字正射影像数据、DEM 数据。

图 5-1 遥感影像数据

3.文本资料。文本资料是指各行业、各部门的有关法律文档、行业规范、技术标准、条文条例等,如城市规划管理信息系统中,各种城市管理法规及规划报告在规划管理工作中起了很大的作用;在土地资源管理、灾害监测、水质和森林资源管理等专题信息系统中,各种文字说明资料对确定专题内容的属性特征起着重要的作用;在区域信息系统中,文字报告是区域综合研究不可缺少的参考资料。文字报告还可以用来研究各种类型地理信息系统的权威性、可靠程度和内容的完整性,以便决定地理信息的分类和使用。文字说明资料也是地理信息系统建立的主要依据,须认真研究,准确输入计算机系统,使搜集资料更加系统化。

4.统计资料。国家和军队的许多部门和机构都拥有不同领域(如人口、基础设施建设、兵要地志等)的大量统计资料,这些都是GIS的数据源,尤其是GIS属性数据的重要来源。统计数据一般都和一定范围内的统计单元或观测点联系在一起,因此采集这些数据时,要注意采集研究对象的特征值、观测点的几何数据和统计资料的基本统计单元。当前,在很多部门和行业内,统计工作已经在很大程度上实现了信息化,除以传统的表格方式提供使用外,已建立起各种规模的数据库,数据的建立、传送、汇总已普遍使用计算机。各类统计数据可存储在属性数据库中与其他形式的数据一起参与分析。

5.实测数据。野外试验、实地测量等获取的数据可以通过转换直接进入GIS的地理数据库,以便进行实时的分析和进一步的应用。GPS(全球定位系统)所获取的数据也是GIS的重要数据源。

6.多媒体数据。多媒体数据(包括声音、录像等)通常可通过通讯口传入GIS的地理数据库中,目前其主要功能是辅助GIS的分析和查询。

7.已有系统的数据。GIS还可以从其他已建成的信息系统和数据库中获取相应的数据。由于规范化、标准化的推广,不同系统间的数据共享和可交换性越来越强。这样就拓展了数据的可用性,增加了数据的潜在价值。

四、实验步骤

(一)打开(创建)地图文档方式

启动ArcMap,在ArcMap的启动对话框中打开或创建一个地图文档。

(二)数据的加载

1.单击菜单File→Add Data,打开加载对话框,选择要加载的数据。

2.单击标准工具栏上的添加数据按钮,打开加载对话框,选择要加载的数据。

3.使用 ArcCatalog 加载数据层。将需要加载的数据层直接拖放到 ArcMap 的图形显示器中,具体操作如下:

(1)启动 ArcCatalog;

(2)在 ArcCatalog 中浏览要加载的数据层;

(3)点击需加载的数据层,拖放到 ArcMap 窗口中,完成数据层的加载。

(三)图层的符号化

1.右键点击图层,点击属性,打开图层属性对话框(如图 5-2),点击符号系统标签,采用不同的符号化方法对图层进行定性或定量的符号化。

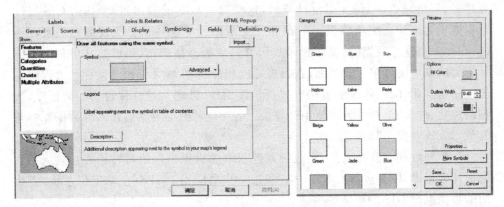

图 5-2　选择符号化方法

2.在图层属性对话框双击图层符号或直接在内容表中双击已有的图层符号,打开符号选择器对话框,选择图层中要素的其他符号或创建新的符号。

(四)数据显示与地图布局

在 ArcMap 的数据视图窗口中,采用 Tools 工具条中的数据浏览工具,如放大、缩小、全局视图、前一视图、后一视图等,对数据进行浏览。通过点击视图菜单下的布局视图或点击窗口左下角的第二个按钮,将窗口切换至版面视图进行地图布局(如图 5-3)。

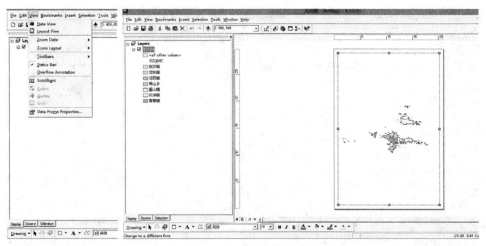

图 5-3 布局视图界面

(五)地图保存

点击文件菜单的"保存"或标准工具栏中的"保存"按钮,就可对当前地图文档进行保存。

(六)认识 ArcGIS 中常见的空间数据表示方法

在 ArcCatalog 中,认识 Shapefile、Coverage、Geodatabase 和 Raster 四种基本的空间数据格式,观察比较各种数据在资源管理器中的存在形式(如图 5-4)。

图 5-4 常见空间数据表示方法

(七)在 ArcGIS 中创建新的数据文件——以 Shapefile 文件为例

1. 在 ArcCatalog 目录树中,右键单击存放新 Shapefile 的文件夹,单击 New,选择 Shapefile。

2. 在弹出的"创建新 Shapefile"对话框中,设置文件名称和要素类型。要素类型可以通过下拉菜单选择点、折线、面、多点、多面体等要素类型(如图 5-5)。

3. 单击 Edit 按钮,打开 SpatialReference 对话框。定义 Shapefile 的坐标系统,如果选择了以后定义 Shapefile 的坐标系统,那么直到被定义前,它将被定义为"unkown"。

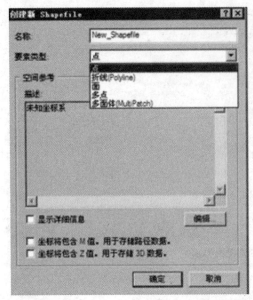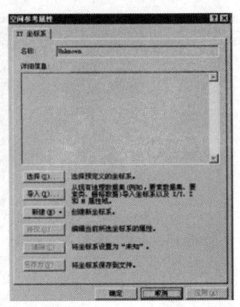

图 5-5　新建 shp 文件

(八)空间数据浏览

　　在 ArcMap 和 ArcCatalog 中均可对空间数据的空间信息和属性信息进行浏览。在 ArcMap 中加载江苏省基础地理数据,即可在右边的窗口中对空间数据进行浏览,右击左边窗口中的数据图层,选择打开属性表,即可对属性数据进行浏览。在 ArcCatalog 中,选择要浏览的数据,将右边窗口切换至预览选项时,就可以对空间数据进行浏览,在窗口下端的预览列表框中,选择表也可以对属性数据进行浏览(如图 5-6)。

图 5-6　空间数据浏览

实验六　空间数据采集

一、实验目的

1. 利用影像配准（Georeferencing）工具进行影像数据的地理配准。
2. 编辑器的使用（点要素、线要素、多边形要素的数字化）。
3. 空间数据输入的扫描矢量化方法。

二、实验准备

1. 软件准备：ArcGIS Desktop（ArcMap、ArcScan）。
2. 数据准备：昆明市西山区普吉 1∶10000 地形图（70011-1. Tif）。

三、实验相关知识

空间数据采集是运用各种技术手段，通过各种渠道收集数据的过程。GIS 的数据采集包括两个方面内容：图形数据的采集和属性数据的采集。

（一）图形数据的采集

图形数据的采集实际上就是图形的数字化过程，一般有两种方法：

1. 手扶跟踪数字化仪输入。手扶跟踪数字化仪根据采集数据的方式分为机械式、超声波式和全电子式三种，其中全电子式数字化仪精度最高，应用最广。按照其数字化版面的大小可分为 A0、A1、A2、A3、A4 等。

数字化仪由电磁感应板、游标和相应的电子电路组成。这种设备利用电磁感应原理：在电磁感应板的 x,y 方向上有许多平行的印刷线，每隔 $200\mu m$ 一条；游标中装有一个线圈；当使用者在电磁感应板上移动游标到图件的指定位置，并将十字叉线的交点对准数字化点位，按动相应按钮时，线圈中就会产生交流信号，十字叉线的中心便也产生了一个电磁场，当游标在电磁感应板上运动时，板下的印制线上就会产生感应电流；印制板周围的多路开关等线路可以检测出最大信号的位置，即十字叉线中心所在的位置，从而得到该点的坐标值。

数字化仪的工作过程是把待数字化的图件固定在图形输入板上,首先用鼠标器输入图幅范围和至少四个控制点的坐标,随后即可输入图幅内各点、曲线的坐标。

(1)点方式:每次定标器的键被按下,感应板发送一对坐标数据到计算机。

(2)开关流方式:在定标器上,每按下一次键,即将一组坐标数据发送到计算机,这种方式用数字化来输入一条连续曲线很有效。

(3)连续流方式:不论定标器的键是否按下,数字化仪每隔一定的时间就向计算机发送坐标数据,即是不可控的。

(4)增量方式:当定标器在感应板上移动某个特定距离,数字化仪就发送一对绝对坐标数据到计算机。

通过手扶数字化仪采集数据,数据量小,数据处理的软件也比较完备。但由于数字化的速度比较慢,工作量大,自动化程度低,数字化的精度与作业员的操作有很大关系,所以,目前很多单位在大批量数字化时,已不再采用它。

2.扫描仪数字化输入。扫描仪直接把图形(如地形图)和图像(如遥感影像、照片)扫描输入到计算机中,以像素信息进行存储。按其所支持的颜色分类,可分为单色扫描仪和彩色扫描仪;按所采用的固态器件又分为电荷耦合器件(CCD)扫描仪、MOS电路扫描仪、紧贴型扫描仪等;按扫描宽度和操作方式分为大型扫描仪、台式扫描仪和手动式扫描仪。

CCD扫描仪的工作原理:用光源照射原稿,投射光线经过一组光学镜头射到CCD器件上,再经过模/数转换器,图像数据暂存器等,最终输入到计算机。CCD感光元件阵列是逐行读取原稿的,为了使投射在原稿上的光线均匀分布,扫描仪中使用的是长条形光源。对于黑白扫描仪,用户可以选择黑白颜色所对应电压的中间值作为阈值,凡低于阈值的电压就为0(黑色),反之为1(白色)。而在灰度扫描仪中,每个像素有多个灰度层次。彩色扫描仪的工作原理与灰度扫描仪的工作原理相似,不同之处在于彩色扫描仪要提取原稿中的彩色信息。扫描仪的幅面有A_0,A_1,A_3,A_4等。扫描仪的分辨率是指在原稿的单位长度(英寸)上取样的点数,单位是dpi,常用的分辨率在300—1000 dpi之间。扫描图像的分辨率越高,所需的存储空间就越大。现在多数扫描仪都有选择分辨率的功能。对于复杂图像,可选用较高的分辨率;对于较简单的图像,就选择较低的分辨率。

扫描输入因其输入速度快、不受人为因素的影响、操作简单而越来越受到大家的欢迎,再加之计算机运算速度、存储容量的提高和矢量化软件的批量出现,使得扫描输入已成为图形数据输入的主要方法。扫描时,必须先进行扫描参数的设置,包括:

(1)扫描模式的设置(分二值、灰度、百万种彩色),对地形图的扫描一般采用二值扫描,或灰度扫描。对彩色航片或卫片采用百万种彩色扫描,对黑白航片或卫片采用灰度扫描。

（2）扫描分辨率的设置，根据扫描要求，对地形图的扫描一般采用300dpi或更高的分辨率。

（3）针对一些特殊的需要，还可以调整亮度、对比度、色调、GAMMA曲线等。

（4）设定扫描范围。

扫描参数设置完后，即可通过扫描获得某个地区的栅格数据。

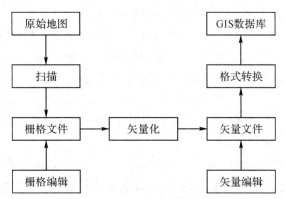

图 6-1　扫描仪矢量化的工作流程

通过扫描获得的是栅格数据，数据量比较大。如一张地形图采用300dpi灰度扫描，其数据量就有20M左右。除此之外，扫描获得的数据还存在噪声和中间色调像元的处理问题。噪声是指不属于地图内容的斑点污渍和其他模糊不清的东西形成的像元灰度值。噪声范围很广，没有简单有效的方法能加以完全消除，有的软件能去除一些小的脏点，但有些地图内容（如小数点等和很小的脏点）很难区分是否是噪声。对于中间色调像元，则可以通过选择合适的阈值，用一些软件如Photoshop等来处理。

（二）属性数据的采集

属性数据，即空间实体的特征数据，一般包括名称、等级、数量、代码等多种形式，属性数据的内容有时直接记录在栅格或矢量数据文件中，有时则单独输入数据库存储为属性文件，通过关键码与图形数据相联系。

属性数据一般采用键盘输入。输入的方式有两种：一种是对照图形直接输入；另一种是预先建立属性表输入属性，或从其他统计数据库中导入属性，然后根据关键字与图形数据自动连接。

1.属性数据的来源。国家资源与环境信息系统规范在"专业数据分类和数据项目建议总表"中，将数据分为社会环境、自然环境和资源与能源三大类，共14小项，并规定了每项数据的内容及基本数据来源。

（1）社会环境数据。社会环境数据包括城市与人口、交通网、行政区划、地名、文化和通信设施五类。这几类数据可从人口普查办公室、外交部、民政部、国家测绘局,以及林业、文化、教育、卫生、邮政等相关部门获取。

(2)自然环境。自然环境数据包括地形数据、海岸及海域数据、水系及流域数据、基础地质数据四类。这些数据可以从国家测绘局、海洋局、水利水电部,以及地质、矿产、地震、石油等相关部门获取。

(3)资源与能源。资源与能源数据包括土地资源相关数据、气候和水热资源相关数据、生物资源相关数据、矿产资源相关数据、海洋资源相关数据五类。这几类数据可从中国科学院、国家测绘局,及农、林、气象、水电、海洋等相关部门获取。

2.属性数据的分类。属性数据分类是根据系统的功能以及相应的国际、国家和行业空间信息分类规范和标准,将具有不同空间特征和语义的空间要素区别开来的过程。这是为了在属性数据的逻辑结构上将数据组织为不同的信息层并标识空间要素的类别。

属性数据一般采用线分类法对空间实体进行分类,即将分类对象按选定的空间特征和语义信息作为分类划分的基础,逐次分成相应的若干层级类目,并排列成一个有层次的、逐级展开的分类体系。同级类之间是并列关系,下级类与上级类之间存在隶属关系,同级类不重复、不交叉,从而将地理空间的空间实体,组织为一个层级树,因此也称作层级分类法。我国 GB/T 13923—1992"国土基础地理信息数据分类与代码"将地球表面的自然和社会基础信息分为 9 个大类(如图 6-2),分别为测量控制点、水系、居民地、交通、管线和垣栅、境界、地形与土质、植被,及其他类,在每个大类下又依次细分为小类、一级类和二级类。

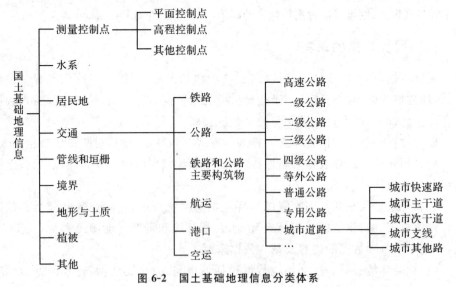

图 6-2　国土基础地理信息分类体系

3.属性数据的编码。属性数据的编码是指确定属性数据代码的方法和过程。代码是一个或一组有序的,易于被计算机或人识别与处理的符号,是计算机鉴别和查找信息的主要依据和手段。编码的直接产物就是代码,而分类分级则是编码的基础。

(1)编码原则。属性数据编码一般基于以下几个原则:

①编码的系统性和科学性。编码系统在逻辑上必须满足所涉及学科的科学分类方法,以体现该类属性本身的自然系统性。另外,还要能反映出同一类型中不同的级别特点。一个编码系统能否有效运作的核心问题就在于此。

②编码的一致性。一致性是指对象的专业名词、术语的定义等,必须严格保证一致,对代码所定义的同一专业名词和术语必须是唯一的。

③编码的标准化和通用性。为满足未来有效的信息传输和交流,所制定的编码系统必须在有可能的条件下实现标准化。我国目前正在研究编码的标准化问题,并对某些项目做了规定。如中华人民共和国行政区划代码,使用国家颁布的GB—2260—80编码,其中有省(市、自治区)三位,县(区)三位。其余三位由用户自己定义,最多为十位。编码的标准化就是拟定统一的代码内容、码位长度、码位分配和码位格式,为大家所采用。因此,编码的标准化为数据的通用性创造了条件。当然,编码标准化的实现将经历一个分步渐进的过程,并且只能是适度的,这是由地理对象的复杂性和区域差异性所决定的。

④编码的简洁性。在满足国家标准的前提下,每一种编码应该以最小的数据量负载最大的信息量,这样既便于计算机存储和处理,又具有相当的可读性。

⑤编码的可扩展性。虽然代码的码位一般要求紧凑经济、减少冗余代码,但考虑到在实际使用时往往会出现新的类型,需要加入到编码系统中,因此编码的设置应留有扩展的余地,避免因新对象的出现而使原编码系统失效、造成编码错乱的现象。

(2)编码内容。属性编码一般包括三个方面的内容:其一,登记部分,用来标识属性数据的序号,可以是简单的连续编号,也可划分不同层次进行顺序编码;其二,分类部分,用来标识属性的地理特征,可采用多位代码反映多种特征;其三,控制部分,用来通过一定的查错算法,检查代码在编码、录入和传输中的错误,这在属性数据量较大的情况下具有重要意义。

(3)编码方法。属性的科学分类体系无疑是GIS中属性编码的基础。目前,较为常用的编码方法有层次分类编码法与多源分类编码法这两种基本类型。

①层次分类编码法。它是按照分类对象的从属和层次关系为排列顺序的一种代码,它的优点是能明确表示出分类对象的类别,代码结构有严格的隶属关系。图6-3以土地利用类型编码为例,展示了层次分类编码法所构成的编码体系。

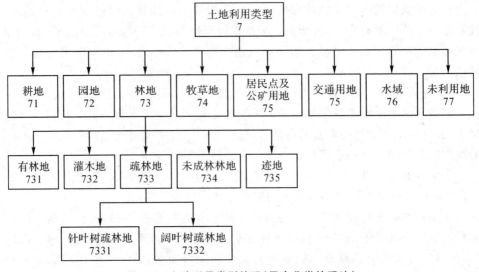

图 6-3　土地利用类型编码(层次分类编码法)

②多源分类编码法。又称独立分类编码法,是指对于一个特定的分类目标,根据诸多不同的分类依据,分别进行编码,各数字代码之间并没有隶属关系。

(三)地图配准

地图配准是指使用地图坐标为地图要素指定空间位置。地图图层中的所有元素都具有特定的地理位置和范围,这使得它们能够定位到地球表面或靠近地球表面的位置。精确定位地理要素的能力对于制图和 GIS 来说都至关重要。地图配准用在数字化地图之前,主要是对地图进行坐标和投影的校正,使地图坐标点和地图拼接准确。

1.地图配准原理。地图配准是将控制点配准为参考点的位置,从而建立两个坐标系统之间一一对应的关系。控制点就是当前没有配准前的点坐标,参考点就是希望配准后,坐标与图像之间的配准,主要包括两方面的内容:其一是确定足够数量的配准控制点;其二是根据这些配准控制点确定两幅或多幅图像像素之间的坐标对应关系。

2.控制点的选择。选择标志性程度高的配准控制点,对照底图和待数字化的地图,判断和选择标志性程度高的控制点。标志点可以是经纬线网格的交点、公里网格的交点、一些典型城镇或地物的位置、一些线线要素或线面要素的交点,或者地图轮廓中的明显拐点。控制点的分布要相对均匀,理论上至少取三个点,实际配准中控制点越多越好。后增加的控制点可以起到纠偏的作用,即用前面的控制点配准,有些远离控制点的位置有坐标误差,新增加的控制点会纠正该点附近位置的坐标误差,所以在控制点坐标准确的前提下,控制点越多,整个图的坐标误差越小。

将有坐标的底图放到足够大,用鼠标尖部对准控制点,获取其坐标信息。本文用方里网坐标。方里网是由平行于投影坐标轴的两组平行线所构成的方格网,因为是每隔整公里数绘出坐标纵线和横线,所以称之为方里网。由于方里线同时又是平行于直角坐标轴的坐标网线,故又称直角坐标网。直角坐标网的坐标系以中央经线投影后的直线为 X 轴,以赤道投影后的直线为 Y 轴,它们的交点为坐标原点。这样,坐标系中就出现了四个象限。纵坐标从赤道算起,向北为正、向南为负;横坐标从中央经线算起,向东为正、向西为负。

控制点的数目取决于使用哪一种数学方法来实现坐标转换。但是,过多的控制点并不一定能够保证高精度的配准,控制点数量应遵循以下公式:n 次多项式,控制点至少选择 $(n+1) \times (n+2)/2$ 个。通常,先在图像的四个角选择 4 个控制点,然后在中间的位置有规律地选择一些控制点,并且均匀分布,尽可能使其均匀分布于整个地图的有效图面上,而不只分布在图像的某个较小区域(如图 6-4)。

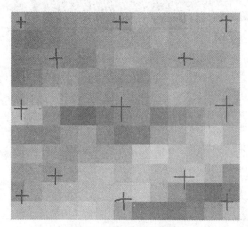

图 6-4 控制点分布图

3.地图配准的过程。地图配准可分为利用控制点坐标配准栅格数据和利用控制点分拣配准矢量数据两种。影像配准的对象是栅格数据,比如. tiff 格式数据;空间配准的对象是矢量数据,比如. shp 格式数据。

(1)栅格配准:添加栅格图像,定义投影,启动配准环境(Georeferencing),添加控制点(找到地图上的控制点,通过建立控制点坐标与参考点坐标之间的数学关系,从而确定坐标系之间的坐标转换关系),进行地图配准。

(2)矢量配准:定义投影,建立控制点文件(或者也可以直接从图上读取),启动配准环境(Spatial Adjustment),进行空间链接,最后进行地图配准(Adjust)。

四、实验步骤

(一)地形图的配准——加载数据和影像配准工具

所有图件扫描后都必须经过扫描配准,对扫描后的栅格图进行检查,以确保矢量化工作顺利进行。

1. 打开 ArcMap,添加"Georeferencing"(影像配准)工具栏(View→Toolbars→Georeferencing)。

2. 把需要进行配准的影像 70011-1. TIF 增加到 ArcMap 中,此时"影像配准"工具栏中的工具被激活(如图 6-5)。

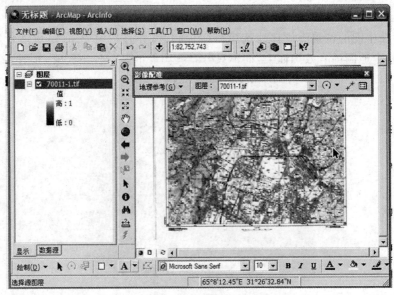

图 6-5　激活影像配准工具

(二)输入控制点

在配准中我们需要知道一些特殊点的坐标。通过读图,我们可以得到一些控制点——公里网格的交点,我们可以从图中均匀地取几个点。一般在实际中,这些点应该能够均匀分布。

1. 在"影像配准"工具栏上点击"添加控制点"按钮。

2. 使用该工具在扫描图上精确找到一个控制点点击,然后右击鼠标输入该点实际的坐标位置,如图 6-6 所示:

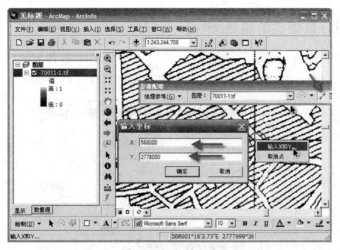

图 6-6 添加控制点

3.用相同的方法,在影像上增加多个控制点(大于 7 个),并输入它们的实际坐标。注意在输入前面 3 个控制点时要非常精确才行,且 3 个控制点不能同时在一条直线上,后面的点会自动根据前面输入的点进行设置,只要进行微小调整就行。

点击"影像配准"工具栏上的"查看链接表"按钮(如图 6-7)。注意:在链接表对话框中点击"保存"按钮,可以将当前的控制点保存为磁盘上的文件,以备使用。

图 6-7 查看链接表

图 6-8 查看链接表中控制点残差

检查控制点的残差和 RMS,删除残差特别大的控制点,并重新选取控制点,转换方式设定为"二次多项式"。

(三)设定数据框的属性

1.增加所有控制点,并在检查均方差(RMS)后,在"影像配准"菜单下,点击"更新显示"。执行菜单命令"视图"→"数据框属性",设定数据框属性。

图 6-9　设置数据框属性

在"常规"选项页中,将地图显示单位设置为"米"(如图 6-9)。

图 6-10　查看数据框坐标系统

在"坐标系统"选项页中,设定数据框的坐标系统为"Xian_1980_Degree_GK_CM_102E"(西安80投影坐标系,3度分带,东经102度中央经线),与扫描地图的坐标系一致(如图6-10)。

2.更新后,就变成真实的坐标(如图6-11)。

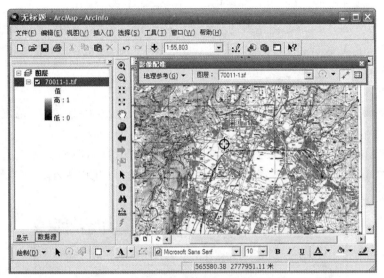

图6-11 更新配准后的地图

(四)矫正并重采样栅格,生成新的栅格文件

1.在"影像配准"菜单下,点击"矫正"(如图6-12),根据设定的变换公式,对配准的影像重新采样,另存为一个新的影像文件。

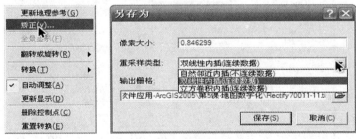

图6-12 重采样方法

2.加载重新采样后得到的栅格文件,并将原始的栅格文件从数据框中删除。后面我们的数字化工作,就是对这个配准和重新采样后的影像进行操作。

通过上面的操作,我们的数据已经完成了配准工作,下面将使用这些配准后的影像进行分层矢量化。

(五)分层矢量化——在 ArcCatalog 中创建一个线要素图层

该数据采用的是西安 80 坐标系统、3 度分带。

1. 打开 ArcCatalog,在指定目录下,右击鼠标,在"新建"中,选择"个人 Geodatabase",并修改该"Geodatabase"数据库名称(例如 test3. mdb)。

2. 为该 Geodatabase 创建新的要素类。先创建一个"等高线"要素类来存储等高线要素,在 ArcCatalog 中,鼠标右击 test3"个人 Geodatabase",在"新建"中选择"要素类"。

3. 输入创建的要素类名称"等高线",点击下一步。

4. 下面是创建新的要素类的关键,即为数据定义坐标系统、空间范围、存储要素类型,并在这里增加属性字段。

(1)点击 Shape 字段。在对话框中将显示详细的选项,我们首先点击"几何类型"(如图 6-13),并将要素类型选择为我们需要的类型(我们现在要创建等高线这个要素类,所以应该选择线)。

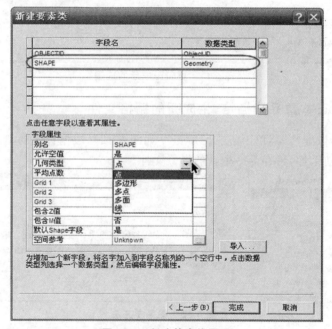

图 6-13　创建等高线图层

(2)点击"空间参考"选项后面的按钮,在"空间参考属性"对话框中的"坐标系"选项页下,选择合适的坐标系统,点击"选择"按钮。在 Projected Coordinate Systems 目录下,选择 Gauss Kruger→Xian 1980→Xian_1980_Degree_GK_CM_102E. prj。

　　(3)再点击"X/Y 域"选项页(如图 6-14),在该选项页下为我们的数据定义存储空间范围。该空间范围需要认真考虑,不仅要考虑当前纸制地图的空间范围,还要考虑将来工作中会出现的最大空间范围。

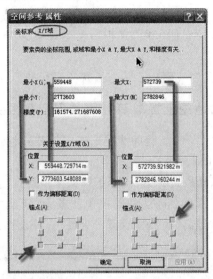

图 6-14　空间范围设置

　　确定这个区域的最小值和最大值时,可以切换到 ArcMap 中,点击"绘制"工具栏上的"矩形框"按钮,在地图显示区中画一个矩形,使其在更大范围内,包含已配准的栅格地图。右击鼠标选中这个矩形框,设置"属性",将填充色设置为"无",可得到如图 6-15 的效果:

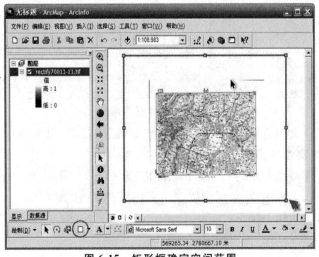

图 6-15　矩形框确定空间范围

在矩形框属性的"大小和位置"选项页中,可获取矩形框左下角和右上角的坐标(X,Y),将这里获取的 X,Y 值,分别填入上面"空间参考属性"对话框(如图 6-14)的"X/Y 域"选项页中,"最小 X""最小 Y""最大 X""最大 Y"输入框里。

通过上面的操作,我们为创建的要素类定义了正确的坐标系统和空间范围。

5.为该数据创建新的属性字段"高程",类型设置为"Float",用来存储等高线的高程值。

6.点击完成,这样我们就创建了一个线状的要素类。

(六)从已配准的地图上提取等高线并保存到要素类中

1.切换到 ArcMap 中,将新建的线要素图层加载到包含已配准地形图的数据框中,保存地图文档为 Ex3.mxd。

2.打开"编辑器"工具栏,在"编辑器"下拉菜单中执行"开始编辑命令",并选择前面创建的"等高线"要素类。确认编辑器中任务为"新建要素",目标为"等高线"(如图 6-16),设置图层"等高线"的显示符号为红色,并设置为合适的宽度。

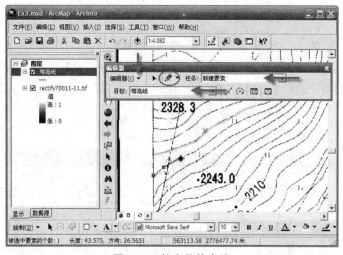

图 6-16 数字化等高线

3.将地图放大到合适的比例,从中跟踪一条等高线并根据高程点判读其高程后,输入该条等高线的高程。

4.进一步练习线要素的其他操作,比如线段的合并、分割、编辑顶点等操作。

5.可参照以上步骤,从地图中提取出多边形要素(比如居民地),并进一步熟悉多边形要素编辑的相关操作。

实验七 ArcScan 空间数据矢量化采集

一、实验目的

了解 ArcGIS 中 ArcScan 工具,掌握使用 ArcScan 进行自动矢量化的技术。学习利用栅格清理工具和像元选择工具来编辑栅格图层、应用矢量化设置、预览矢量化结果和生成矢量要素。

二、实验准备

1.软件准备:ArcGIS Desktop(ArcMap、ArcScan)。
2.数据准备:江苏省基础地理数据。

三、实验相关知识

(一)ArcScan 简介

ArcScan 是 ArcGIS Desktop 的扩展模块,是栅格数据矢量化的一套工具集。用这些工具可以创建要素,将栅格影像矢量化为 Shapefile 格式或地理数据库要素类文件。ArcScan 和 ArcMap 编辑环境完全集成在一起,它还提供了简单的栅格编辑工具,可以在进行批量矢量化前擦除和填充栅格区域,以提高处理效率,减少后期处理工作量。

ArcScan 的矢量化方法分为交互式矢量化和自动矢量化两种。如果要完全控制矢量化过程仅需对栅格图像的一部分区域进行矢量化时,通常采用交互式矢量化方法,又称为栅格追踪。它具有半自动矢量化功能,即可以在栅格图上分别单击某条线上的两个点,系统会自动跟踪并矢量化这两点之间的线段。自动矢量化又称为批处理矢量化,它通过执行某一命令来自动生成矢量要素。矢量化方式的选择因处理栅格数据的需要而异。

(二)ArcScan 使用前提

1.激活 ArcScan 扩展模块(如图 7-1)。

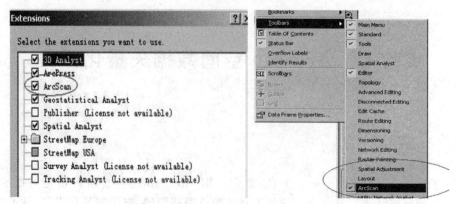

图 7-1　激活 ArcScan 扩展模块

2. ArcMap 中添加了至少一个栅格数据层和一个对应的矢量数据层。

3. 栅格数据要进行二值化处理。二值化是将栅格图像的符号化方案设置为两种颜色分类显示(如图 7-2)。

注意:编辑器必须启动。

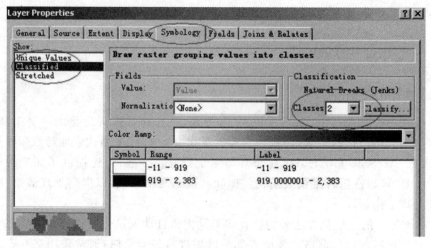

图 7-2　图像二值化处理

四、实验步骤

(一)栅格跟踪

ArcScan 使从扫描栅格上建立新要素变得简单,这个过程可以减少在矢量数据库中一体化栅格数据的时间。在本练习中,我们可以通过扫描地图来跟踪栅格像元生成矢量要素,开始前我们必须启动 ArcMap,导入一个包含栅格数据、两个 shape 文件的地图文档。

1.启动 ArcMap,打开数据。在开始菜单中或桌面上双击 ArcMap 快捷方式启动 ArcMap。单击标准工具栏上的"Open"按钮,在 D:\PAGIS\GIS02\Exec1\Arc-Scan 目录中选择 ArcScanTrace. mxd,点击打开。

2.改变栅格图层的特征。栅格图像必须变为单色才能使用 ArcScan 工具和命令。

(1)在 ArcMap 的 Table of Contents(TOC,窗口内容表)中右击鼠标选择 Par-celScan. img 栅格图层,并选择 Properties(属性)。

(2)在 Properties 对话框中单击"Symbology(符号)"标签,在 Show 框中单击 "Unique Values",点击"确定"按钮(如图 7-3)。

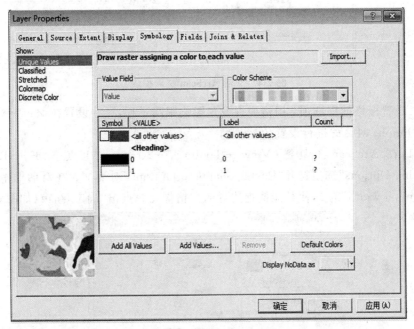

图 7-3　数据二值化处理

3.确定跟踪范围。点击菜单 View(视图)→Bookmarks(书签)→Trace lines (跟踪线),设置当前区域为本次练习的区域范围。当显示刷新后,我们就可以看到跟踪的线区域范围。

4.开始编辑。ArcScan 扩展模块必须在编辑状态下才能激活,Start Editing (开始编辑)命令可以使我们开始编辑工作。

(1)点击 Editor 工具栏中的"Start Editing(开始编辑)"开始编辑。如果 Editor 工具栏没有出现,可通过 View→Toolbars→Editor 打开。

（2）如果 ArcScan 扩展模块无法工作，可能是我们还没有装入该扩展模块。装入的方法为 Tools→Extensions，在 ArcScan 前面打上钩即可（如图 7-4）。

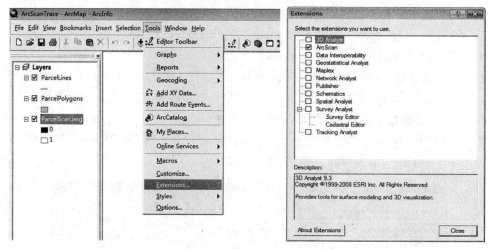

图 7-4　激活 ArcScan 扩展模块

5.设置栅格捕捉选项。栅格捕捉设置影响跟踪过程，这些设置在 Raster Snapping Options 对话框进行设置。

（1）在 ArcScan 工具栏（View→Toolbars→ArcScan）上点击"Edit Raster Snapping Options"按钮打开"Raster Snapping Options"对话框。在对话框中设置"maximum width"为7，使其能捕捉边界的栅格像元。点击"确定"结束（如图 7-5）。

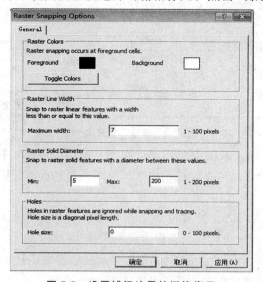

图 7-5　设置捕捉边界的栅格像元

（2）点击 Editor 工具栏中 Snapping（Editor/Snapping）菜单，打开 Snapping Environment 对话框，点击 Raster 前的＋号展开。选择其中的 Centerlines 和 Intersection（在两个前面打钩即可）来捕捉栅格（如图 7-6）。

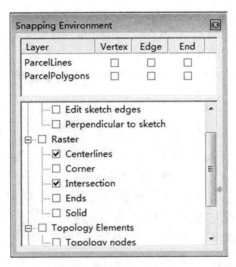

图 7-6 捕捉环境的设置

6.跟踪栅格像元来建立线要素。在设置好栅格捕捉环境后就可以开始跟踪栅格像元，接下来我们将利用 Vectorization Trace 工具。

（1）在 ArcScan 工具栏上点击"Vectorization Trace"按钮▣。移动鼠标指针至捕捉边界交点，然后点击并开始跟踪（如果感觉图形太小，可以先放大栅格图形）。

（2）利用 Vectorization Trace 工具向下并点击来创建线要素，之后继续利用 Vectorization Trace 工具来跟踪外部边缘。当跟踪完成整个边界，按 F2 完成草图。现在，一个新的线要素显示了这块地的边界（如图 7-7）。

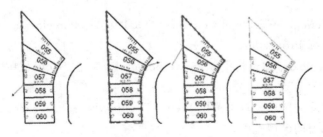

图 7-7 跟踪边界

7.跟踪栅格像元来创建面要素。利用 VectorizationTrace 工具可创建面状要素。为了很好地显示需要跟踪的区域，需要缩放到一个名为 Trace polygons 的书签（点击 View→Bookmarks→Trace polygons）。

8.改变编辑的目标层。通过改变编辑目标层来创建从 ParcelLines 到 Parcel-Polygons 的面状要素。

（1）在 Editor 工具栏上点击 Target 下拉框，选择 ParcelPolygons。

（2）在 ArcScan 工具栏上点击 Vectorization Trace 工具。移动鼠标指针到捕捉地块 061 的左下角（如图 7-8）并点击开始跟踪，点击地块的右下角，创建面的一段边线，逆时针方向继续跟踪该地块，当鼠标指针回到开始点时，按 F2 完成创建面。

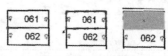

图 7-8　创建面要素

9.完成编辑过程。完成栅格像元的跟踪后，需要屏蔽（停止）Vectorization Trace 工具，可以通过保存来停止编辑并完成此练习。点击 Editor 菜单→Stop Editing→Yes，保存编辑成果。

（二）批处理矢量化

在本练习中，我们将编辑一个扫描的地图，删除不需要矢量化范围的像元，栅格被处理后，再利用批处理矢量化模式来生成要素。开始前必须启动 ArcMap，导入一个包含栅格数据、两个 shape 文件的地图文档。

1.启动 ArcMap 并开始编辑。在开始菜单中或桌面上双击 ArcMap 快捷方式启动 ArcMap。单击标准工具栏上的"Open"按钮，在 ArcScan 目录中选择 ArcScanBatch.mxd。

2.改变栅格图层的特征。栅格图像必须变为单色后才能使用 ArcScan 工具和相关命令。

（1）在 ArcMap 的 Table of Contents（TOC）中选择 ParcelScan.img 栅格图层，右击鼠标并选择 Properties。

（2）在 Properties 对话框中单击 Symbology 标签，在 Show 框中，单击 Unique Values，点击"确定"结束。

3.确定清除的区域。点击菜单 View→Bookmarks→Raster cleanup，设置当前区域为本次练习的区域范围。

4.开始编辑。点击 Editor 工具栏中的 Start Editing 开始编辑。

5.清理矢量化的栅格。当执行批处理矢量化时，在生成要素之前必须编辑栅格影像，这个过程 ArcScan 提供了 raster cleanup 工具来清理不需要矢量化的内容。现在利用 Raster Cleanup 工具从 ParcelScan 影像上清除不想要的注记。

(1)点击 Raster Cleanup 菜单并点击 Start Cleanup 开始清理工作,然后再点击 Raster Cleanup 菜单并点击 Raster Painting Toolbar 打开 Raster Painting 工具栏。

(2)找到 Raster Painting 工具栏上的擦除(Erase)工具 ,点击并按住鼠标左键擦除地块内的注记,继续使用擦除工具直到完全擦除此注记,如图 7-9 所示。

图 7-9 擦除地块内的注记

(3)除擦除工具外,Raster Painting 工具栏还提供了另一个叫作 Magic Erase(魔法擦除)的工具 ,它允许我们通过画框的方式来擦除连续的一系列像元。点击 Raster Painting 工具栏上的 Magic Erase 工具,围绕地块中间的注记画一个框来删除这个注记,这个注记就会从影像上删除,删除其他注记也同样操作。

6.利用 cell selection 工具帮助清理栅格。在前面的步骤中,我们利用擦除工具和魔法擦除工具从影像上删除不需要的像元。如果影像上需要大量的处理,以上介绍的方法太麻烦。为了使这个过程更便捷,我们可联合使用 cell selection 工具和栅格擦除工具。

(1)显示编辑区域。使用名字为 Cell selection 的书签,点击 View→Bookmarks→Cell selection。当刷新屏幕后,我们可看到编辑区域。

(2)点击 Cell Selection→Select Connected Cells 打开对话框,在 Select connected cells 对话框中,在"Enter total raster(栅格区域总像素)"一栏输入 500,这个表达式将选择栅格中所有的注记,点击"OK"。现在栅格中所有的注记对应的像元都被选择。大家可以修改该数值(如将 500 改为 200 等),查看选择的像元数量的变化情况。

(3)点击 Raster Cleanup→Erase Selected Cells 来删除选中的像元。

7.确定批处理矢量化设置。批处理矢量化依靠用户自定义的设置,这些设置将影响产生的要素形状,这些设置依赖我们所使用的栅格数据类型,一旦为我们的栅格确定了相应的设置,就可以保存它们到地图文档或独立的文件中,其中我们需要应用 Vectorization Settings 对话框来进行相应设置。

(1)点击 Vectorization→Vectorization Settings 打开 Vectorization Settings 对话框。

(2)在对话框中我们可以修改矢量化设置来确保生成最佳的结果,这里我们修改 Maximum Line Width 为 10,修改 Compression Tolerance 为 0.1,其他不改变。

（3）点击"Apply"保存设置，并点击"Close"结束设置。

8.预览矢量化。ArcScan 提供了一种方式来预览批处理矢量化生成的要素，这可以帮助我们来确定怎样设置影像矢量化。当设置改变了，预览也可以随着单击 Vectorization Settings 中的 Apply 按钮改变，这个设计允许我们调整最佳的矢量化设置。

点击 Vectorization 菜单并点击 Show Preview，地图中将预览矢量化后的结果。如果感觉矢量化效果不好，可以重新进行矢量化设置。

9.生成要素。批处理矢量化的最后一个步骤就是生成要素，Generate Features 对话框允许我们选择保存新要素的图层与执行矢量化。

（1）点击 Vectorization→Generate Features，在对话框的下拉列表中选择 ParcelLinesBatch 图层，点击"OK"结束。

（2）在 ArcMap 的 Table of Contents（TOC）中将 ParcelScan. img 栅格图层前的钩去掉，然后点击鼠标右键，选择菜单中的 Zoom To Layer 显示新生成的要素。当显示刷新后，我们可以看到新生成的矢量要素。

10.完成编辑任务。一旦生成要素完成，就可以停止编辑并保存结果完成练习。点击 Editor→Stop Editing→Yes，保存编辑结果。

实验八　空间数据编辑

一、实验目的

加深对 GIS 空间数据属性与图形间关系的认识；熟悉 ArcMap 中图形的几何数据编辑和属性编辑操作，并能够通过 ArcCatalog 进行拓扑错误检查，之后在 ArcMap 中进行错误修改。

二、实验准备

1. 软件准备：ArcGIS Desktop 9. x。
2. 数据准备：Blocks. shp（城市地块多边形数据）和 Parcels. shp（城市地块多边形数据）。

三、实验相关知识

由于各种空间数据源本身的误差，以及数据采集过程中不可避免的错误，获得的空间数据不可避免地存在各种错误。为了"净化"数据，满足空间分析与应用的需要，在采集完数据之后，必须对数据进行必要的检查，包括空间实体是否遗漏、是否重复录入某些实体、图形定位是否错误、属性数据是否准确，以及与图形数据的关联是否正确等。

（一）图形数据的编辑

图形编辑又叫数据编辑、数字化编辑，是指对地图资料数字化后的数据进行编辑加工，其主要目的是在改正数据差错的同时，相应的改正数字化资料的图形，数据编辑是数据处理的主要环节，并贯穿整个数据采集与处理过程。数据编辑是纠正数据错误的重要手段，主要包括几何数据和属性数据的编辑。几何数据的编辑是主要针对图形的操作，包括平行线复制、缓冲区生成、镜面反射、图层合并、结点操作、拓扑编辑等。属性数据的编辑包括对图形要素的属性进行添加、删除、修改、复制、粘贴，以及增加字段、导出属性表等。在 ArcMap 中对数据进行编辑时，实质上是编辑数据层所代表的地理要素类或要素集,一次只能编辑一个数据集中的要素类,Coverage 中的部分要素类是不能编辑的。

　　空间数据采集过程中,人为因素是造成图形数据错误的主要原因。如数字化过程中手的抖动,两次录入之间图纸的移动,都会导致位置数据不准确,因此在数字化过程中,难以实现完全精确的定位。常见的数字化错误是线条连接过头或不及两种情况。

　　1.数字化常见错误。在数字化后的地图上,经常出现的错误有以下几种(见图 8-1):

　　(1)伪结点(Pseudo Node):当一条线没有一次录入完毕时,就会产生伪结点。

　　(2)悬挂结点(Dangling Node):如果一个结点只与一条线相连接,那么该结点就称为悬挂结点。常见有过头和不及、多边形不封闭、节点不重合等几种错误情形。

　　(3)碎屑多边形(Sliver Polygon):也称条带多边形。因为前后两次录入同一条线的位置不可能完全一致,就会产生碎屑多边形,即由重复录入而引起的错误。

　　(4)不正规的多边形(Weird Polygon):在输入线的过程中,点的次序倒置或者位置不准确会出现不正规的多边形。

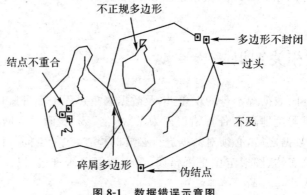

图 8-1　数据错误示意图

　　2.图形数据的检查。其他图形数据错误,包括遗漏某些实体、重复录入某些实体、图形定位错误等的检查,一般可采用如下方法进行:

　　(1)叠合比较法,把成果数据打印在透明材料上,然后与原图叠合在一起,在透光桌上仔细地观察和比较。叠合比较法是空间数据数字化正确与否的最佳检核方法,运用此方法空间数据比例尺的不准确和空间数据的变形马上就可以观察出来。

　　(2)目视检查法,指在屏幕上用目视检查的方法,检查一些明显的数字化误差与错误。

（3）逻辑检查法，根据数据拓扑一致性进行检验，如将弧段连成多边形，数字化节点误差检查等。

3.编辑操作。

（1）结点的编辑。

①结点吻合（Snap）。或称结点匹配、结点咬合、结点附和，具体的方法如下：

第一，结点移动，用鼠标将其他两点移动到另一点；

第二，鼠标拉框，用鼠标拉一个矩形，落入该矩形内的结点坐标通过求它们的中间坐标后匹配成一致；

第三，求交点，求两条线的交点或其延长线的交点，作为吻合的结点；

第四，自动匹配，给定一个吻合容差，或称为咬合距，在图形数字化时或之后，将容差范围内的结点自动吻合成一点。一般，若结点容差设置合理，大多数结点能够吻合在一起，但有些情况还需要使用前三种方法进行人工编辑。

②结点与线的吻合。在数字化过程中，常遇到一个结点与一个线状目标的中间相交。由于测量或数字化误差，它不可能完全交于线目标上，需要进行编辑，称为结点与线的吻合。其具体编辑的方法为：

第一，结点移动，结点移动到线目标上；

第二，使用线段求交；

第三，自动编辑，在给定容差内，结点与线自动求交并吻合在一起。

同时需要考虑两种情况，一是要求坐标一致，这种情况只要重建属性表，如高架桥（不需打断，直接移动）；二是不仅坐标要一致，且要建立坐标之间的空间关联关系，如道路交叉口（需要打断）。

③清除假结点（伪结点）。仅有两个线目标相关联的结点称为假结点。有些系统要将这种假结点清除掉（如 ARCGIS），即将目标 A 和 B 合并成一条，使它们之间不存在结点；但有些系统并不要求清除假结点（如 Geostar），因为假结点并不影响空间查询、分析和制图。

4.拓扑检查。拓扑学是研究空间实体拓扑关系的科学。拓扑关系是明确定义空间结构的一种数学方法，它表示要素间的邻接关系和包含关系，这些信息在地图上借助图形来识别和解释，而在计算机中则利用拓扑关系对各种数据进行完善严密地组织。

数据是 GIS 的核心，GIS 数据质量对于评定 GIS 的算法，减少 GIS 设计开发的盲目性，GIS 系统的无缝统计查询、空间分析都具有重要的意义。而在现实生活中，由于数据源的多源性，数据格式多样性，数据生产、数据转换、数据处理标准的不一致性，等原因都造成数据质量无法满足现实的需要。因此需要进行数据检查，拓扑检查无疑是所有检查方法中最有效、最快捷的、最简便的一种检查方式。以

ArcGIS 拓扑为例,在数据集当中建立适当的拓扑规则(点必须在多边形的边界上,线被多边形边界重叠),进行拓扑检查,就能标记出有悖于该拓扑规则的拓扑错误,便于用户修改,进而使数据质量达到标准。

拓扑最基本的用途:保证数据质量,提高空间查询统计分析的正确性和效率,进而为相关行业提供真实有效的指导,同时也使地理数据库能够更真实地反映地理要素。

(1)拓扑检查的内容:

①入库前的拓扑检查。

作用:保证了数据质量(防患于未然),规范标准化,提高本地文件的检查效率(适合于国家级库建设、省级库建设,大数据量的检查)。

②入库后的拓扑检查。

作用:对数据库的数据质量进行实时检查,提高编辑数据的数据质量(适合于县级及以下库建设,特别是数据编辑、空间分析等功能的使用频繁)。

(2)ArcGIS 拓扑介绍。目前 ESRI 提供的数据存储方式中,Coverage 和 Geo-Database 能够建立拓扑,Shape 格式的数据不能建立拓扑。

ArcGIS 拓扑(Topology)是在同一个要素集(FeatureDataset)下的要素类(Feature Class)之间拓扑关系的集合,因此要参与一个拓扑的所有要素类,必须在同一个要素集内。一个要素集可以有多个拓扑,但每个要素类最多只能参与一个拓扑。ArcGIS 拓扑由拓扑名称(Name)、拓扑容差(Tolerance)、级别(Rank)、要素类(Featureclass)、拓扑规则(Rule)组成。下面利用 ArcCatalog 建立拓扑的过程来简单介绍一下 ArcGIS 拓扑的组成元素。

①拓扑名称。拓扑名称不能重复,也就是说一个数据集只能存在唯一的拓扑名称。该名称不能以数字开头,不能存在一些类似@、♯等的符号。

②拓扑容差(Tolerance)。拓扑容差是边界与结点只要在该范围内,则默认他们为无缝连接。默认的容差值为数据集的 XY 容差,拓扑容差不能小于数据集的 XY 容差,包括 Z 容差。

在 ArcGIS 中,可分为 x、y 族容限和 Z 族容限,x、y 族容限是指当两个要素顶点被判定为不重合时,他们之间的最小水平距离。同一族容限内的顶点被定义为重合并且合并到一起,而 Z 族容限定义了高程上的最小差异,或重合顶点间的最小 z 值,在族容限范围内的顶点会被捕捉到一起。

③要素类(Feature Class)。必须选择在同一数据集下的要素类,当要素集中的所有要素都已经参加建立其他拓扑的时候,使用已使用的要素类新建立拓扑会产生错误。

④级别(Rank)。在拓扑验证的过程中,有自动捕捉的过程,要素会移动。在

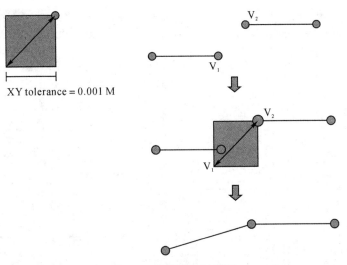

图 8-2　拓扑容差示意图

ArcGIS 拓扑关系中每一个要素类是根据 Rank 值的大小来控制移动程度的，Rank 等级越高的要素移动程度越小。ArcGIS9.3.1 提供的 Rank 范围为（1～50），Rank 值等于 1 的为最高等级。

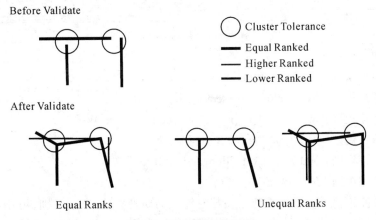

图 8-3　自动捕捉示意图

⑤拓扑规则（Rule）。定义地理数据库中一个给定要素内或两个不同要素类之间所许可的要素关系指令。通俗称 ArcGIS 定义了不同图形类型要素的空间关系。拓扑规则可以定义在要素类的不同要素之间，也可以定义在两个或多个要素类之间。

ArcGIS10 版本新加了 6 个拓扑规则，加上 ArcGIS9.3.1 之前的 26 个，共 32

图 8-4　拓扑规则示意图

个。新加的规则为：

　　面拓扑规则：Contains One Point。

　　线拓扑规则：Must Not Intersect with。

　　线拓扑规则：Must Not Intersect or touch Interior With。

　　线拓扑规则：Must Be Properly Inside。

　　点拓扑规则：Must Be Coincident With。

　　点拓扑规则：Must Be Disjoint。

　　⑥验证拓扑。就是根据建立拓扑时设置的要素类、要素类级别、拓扑规则进行检验，如果目标数据存在与拓扑规则相悖的情况，即标记显示拓扑错误。需要注意的是，没有版本的拓扑可以随时验证，而有版本的拓扑必须在编辑状态中验证。非常大的数据集验证需要很长时间，用户要根据数据量来安排验证时间。

　　⑦验证拓扑结果。在编辑过的区域内，可能会出现该编辑行为的结果违反已有拓扑规则的情况，则标记为脏区。在编辑后，脏区允许选定部分区域而不是整个拓扑区域范围进行验证。

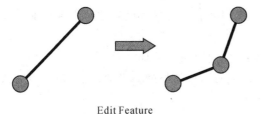

Edit Feature　　　　Dirty Area Created

图 8-5　脏区

出现脏区的情况有：新建要素或者删除要素、要素的形状改变、要素的子类变化等。

拓扑检验时，凡是与拓扑规则相悖的，会标记为拓扑错误（Error），但是某些所谓的错误可以指定该处错误为一个特殊情况，即可以不受我们定义的拓扑关系规则的约束，不再将其视为错误，并把该类型的错误标记为例外（exceptions）。

 Error Features For " Must Not Have Dangles" Rule

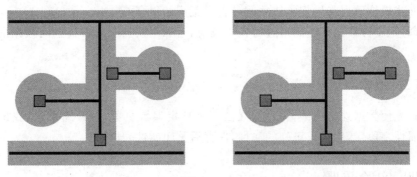

■ Exceptions For " Must Not Have Dangles" Rule

图 8-6　错误和例外

拓扑错误的原因有：与拓扑规则相悖；不同级别的 Tolerance 设置；存储方式不一致。规则要求将参与同一拓扑中的数据集存储在相同的几何存储类型中，反之，就会出现因为不同存储类型引起的某些拓扑错误。不同存储类型的数据由于存储方式不同，会产生轻微变化，尽管这些差异极小（差不多1 mm），但可能违反拓扑规则。例如：一个面状要素类 A 的存储为 SDO_Geometry，一个面状要素类 B 存储为 ArcSDE 压缩二进制文件（Long Raw），如果把拓扑规则设定为"要素类 A Must not overlap with 要素类 B"，功能在呈现方式中的微小差异可能导致违反该拓扑规则，从而导致拓扑错误。

⑧不能建立拓扑的情况：目标要素类已参加了一个 Topology 或 Geometry Network；目标要素类是一个注记层；目标要素类是一个多维图层；目标要素类是

一个多点层;目标要素类是一个多片层;目标要素类已被注册为有版本。

⑨拓扑管理。

修改拓扑属性:包括重命名或者其他(重新验证)。

删除拓扑:指删除拓扑不会影响参与该拓扑的要素类;只会删除控制这些要素类间空间关系的规则。

复制粘贴拓扑:指复制拓扑的同时也会复制其中的要素类。

(二)属性数据的编辑

1.属性数据校核包括两部分:

(1)属性数据与空间数据是否正确关联,标识码是否唯一,不含空值。

(2)属性数据是否准确,属性数据的值是否超过其取值范围等。

2.属性数据错误检查可通过以下方法完成:

(1)首先可以利用逻辑检查,检查属性数据的值是否超过其取值范围,属性数据之间或属性数据与地理实体之间是否有荒谬的组合。

(2)把属性数据打印出来进行人工校对,这用校核图来检查空间数据准确性相似。

(三)编辑操作

首先使数据处于可编辑状态,在图形上选定编辑对象,打开属性表,找出要修改的属性字段,然后输入正确的属性,保存后关闭属性表即可。

四、实验步骤

(一)完成要素到线的转换

启动软件,在菜单栏中点击 🔲 ,打开 ArcToolbox 工具箱,选择数据管理工具中的 Feature,找到 Feature to Line 或者 Ploygon to Line,二者均可以生成线要素,后者保留的是单线,但是没有原来的属性。

选择 Feature to Line 命令(图 8-7 左下图),弹出 Feature to Line 对话框(图 8-7右下图)。选择 Parcels. shp 文件,选择输出路径,单击"OK"完成要素到线的转换。

图 8-7　要素转线

(二)要素复制

1.平行复制操作。单击 ▶ 按钮,在图形窗口中选择要复制的线要素,单击 Target 箭头,选择需要复制平行线的数据层,在 Editor 下拉菜单中选择 Copy Parallel 命令,打开 Distance 对话框,如图 8-8,输入平行线之间的距离(按照地图单位),输入距离数值的正负表示要素的复制方向,按 Enter 键即可完成。

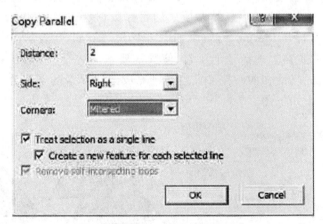

图 8-8　输入平行线之间的距离

2.缓冲区复制操作。单击 ▶ 按钮,在图形窗口中选择要生成缓冲区的要素,单击 Target 箭头,选择要复制缓冲区的数据层(线或多边形),在 Editor 下拉菜单中选择 Buffer 命令,打开 Distance 文本框,如图 8-9 所示。输入生成缓冲区的距离(按照地图单位),并按 Enter 键即可完成不同数据层之间缓冲区的复制。

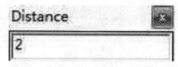

图 8-9　输入生成缓冲区的距离

3.镜面复制操作。单击按钮 ▶，在图形窗口中选择需要进行镜面操作的要素，单击 Target 箭头，选择 Mirror Features。单击按钮 ✎，在图形窗口定义首尾两点，确定按钮一条中心线，所选择的要素按照定义的中心线对称复制。

（三）要素合并

ArcMap 系统的要素合并操作可以概括为两种类型：要素空间合并与要素裁剪合并。要素空间合并包括 Merge 和 Union 两个基本操作。要素裁剪合并主要是 Intersect 操作，合并可以在同一个数据层中进行，也可在不同数据层之间进行，参与合并的要素可以是相邻要素，也可以是分离要素。当然，只有相同类型的要素才可以合并。

1.同层要素空间合并。Merge 操作可以完成同层要素空间合并。无论要素（线与多边形）相邻还是分离，都可以合并生成一个新要素。新要素一旦生成，原来的要素便会自动被删除。单击按钮 ▶，在图形窗口中选择需要合并的要素，单击 Target 箭头，选择合并后新要素所属的目标数据层，在 Editor 下拉菜单中，选择 Merge 命令，打开 Merge 对话框（如图 8-10）。Parcels-0 表示图层名为 Parcels 中 ID 值为 0 的要素。选择一个要素，使其他要素向它合并，则合并后的新要素属性与该要素的属性相同。按 OK 键即可完成同层要素的空间合并。同层要素空间合并的结果如下图。

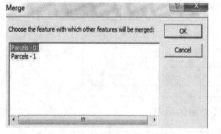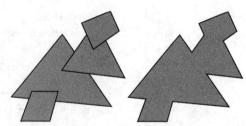

图 8-10　同层要素空间合并

2.异层要素空间合并。Union 操作可以完成不同层要素空间合并，无论要素（线与多边形）相邻还是分离，都可以合并生成一个新要素。新要素既保持原要素的类型，又保持原要素的属性特征。单击 ▶ 按钮，在图形窗口中选择需要合并的要素(来自不同的数据层),单击 Target 箭头,选择合并后,新要素所属的目标数据层,在 Editor 下拉菜单中,选择 Union 命令,所选择的要素被合并生成一个新要素。

3.公共要素裁剪合并。Intersect 操作可以完成公共要素相互重叠(Overlay),部分的要素裁剪合并,无论要素(线或多边形)属于同一数据层还是不同数据层,都可以合并生成一个新要素,新要素保持了原要素的类型,但没有任何属性值,需要自己输入新的属性值。单击按钮▶,在图形窗口中选择具有重叠部分的要素,可以来自不同的数据层。单击 Target 箭头,选择合并后新要素所属的目标数据层,目标数据层的类型必须与原来的数据层相同(如线或多边形),在 Editor 下拉菜单中,选择 Intersect 命令,所选择要素的公共部分合并生成一个新要素。

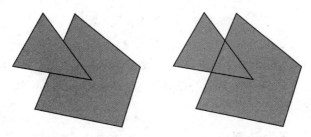

图 8-11　两多边形重叠部分生成一个新的多边形

(四)要素分割操作

应用 ArcMap 要素编辑工具可以分割线要素和多边形要素。对于线要素,可以任意定义一点进行分割,也可以在离开线的起点或终点一定距离处分割,还可以按照线要素长度百分比进行分割,分割后线要素的属性值是分割前线要素属性值的复制。而多边形要素,是按照所绘制的分割线进行分割,多边形原有的属性将复制到分割以后的多边形要素当中。

1.任意点分割线要素。单击按钮▶,在图形窗口中选择需要分割的线要素,单击按钮✂,在线要素上任意选择分割点,单击鼠标左键,线要素按照分割点分成两段,可通过按钮▶,把该线要素拉开查看。

2.按长度分割线要素。单击按钮▶,在图形窗口中选择需要分割的线要素,在 Editor 下拉菜单中,选择 Split 命令,打开 Split 对话框,如图 8-12 所示,在 Line 文本框中显示的是所选线要素的长度,在 Split 选项组中可以选择两种按长度分割线要素的方式。一种是按照长度距离分割,另一种是按照长度比例分割,需要输入长度距离或长度比例。在 Orientation 选项组中可以选择是从线要素的起点计算距离或比例进行分割,还是从线要素的终点计算距离或比例进行分割。单击 OK 按钮,线要素按照确定或计算的分割点分成两段。可通过按钮把该线要素拉开查看。

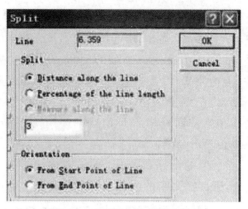

图 8-12　按长度分割线要素

3.布点分割线要素。单击按钮▸,在图形窗口中选择需要分割的线要素,单击Target 箭头,选择需要沿线放置点要素的数据层。在 Editor 下拉菜单中,使这些点在线要素上均匀放置,或者输入分割线要素的点间距离,单击 OK 按钮。就可按确定的点数或点间距离分割线要素。

(五)多边形要素分割

单击按钮▸,在图形窗口中选择需要分割的多边形,单击 Task 箭头,选择 Cut Polygon Features(分割多边形要素)选项,单击按钮✐,在图形窗口绘制草图线或草图多边形与原始多边形相交,双击鼠标左键或单击右键选择 Finish Sketch 命令,多边形要素按照绘制的草图线分割成两个多边形,如图 8-13 所示。

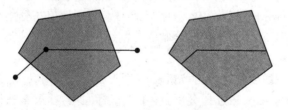

图 8-13　多边形要素分割

(六)线要素延长与裁剪

延长可以实现多个线要素自动与确定的草图线相接,裁剪可以由一条草图线裁剪多条线要素,也可以按照确定的距离裁剪一条线要素。

1.绘制草图延长线要素。单击 Task 箭头,选择 Extend→Trim Features(延长与裁剪要素)选项,单击▸按钮,在图形窗口中选择需要延长的线要素(可以多选),

单击 ✐,在图形窗口绘制一条草图线,作为线要素延长的目标,双击鼠标左键或单击右键选择 Finish Sketch 命令,线要素就会延长到绘制的草图线。

　　2.按照长度裁剪线要素。单击 Task 箭头,选择 Modify Feature(修改要素)选项,单击 ► 按钮,在图形窗口中选择需要裁剪的线要素,单击右键选择 Trim to Length 命令,打开 Trim 文本框,如图 8-14 所示。在 Trim 文本框中输入裁剪的长度,并按 Enter 键(裁剪长度是从线要素的终结点起算的,如果需要从起始点起算,可以先将线要素进行 Flip 翻转操作,然后再进行裁剪),线要素就会按照确定的长度裁剪,在线要素旁单击鼠标左键或右键,选择 Finish Sketch 命令结束操作。

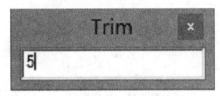

图 8-14　按照长度裁剪线要素

　　3.按照边界线裁剪线要素。单击 Task 箭头,选择 Extend→Trim Features(延长与裁剪要素)选项,单击 ► 按钮,在图形窗口中选择需要裁剪的线要素(可以多选),单击按钮✐,在图形窗口绘制一条草图线,作为线要素裁剪的界限,双击鼠标左键或单击右键选择 Finish Sketch 命令,线要素就会被绘制的草图线裁剪。

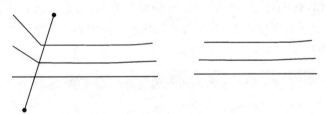

图 8-15　按照边界线裁剪线要素

(七)要素的变形与缩放

　　1.要素变形操作。线要素和多边形要素的变形操作都是通过绘制草图完成的。在对线要素进行变形操作时,草图线要与线要素相交且草图线的两个端点应该位于线要素的一侧;而在对多边形要素进行变形操作时,如果草图线的两个端点位于多边形内,多边形将增加一块草图面积,如果草图线的两个端点位于多边形外,多边形将被裁剪为一块草图面积。

　　单击 Task 箭头,选择 Reshape feature(要素变形操作)选项,单击 ► 按钮,在图形窗口中选择需要变形的要素(线或多边形),单击✐按钮,根据要素变形的需要,在图形窗口绘制一条草图线,双击鼠标左键或单击右键选择 Finish Sketch 命令,要素就会按照草图与原图的关系发生变形。

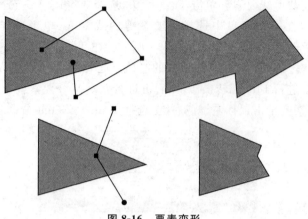

图 8-16 要素变形

2. 要素的缩放。在 ArcMap 主菜单条上单击 Tools 命令,打开 Tools 下拉菜单,单击 Customize 命令,打开 Customize 对话框,单击 Commands 标签,进入 Commands 选项卡。在 Categorie 选项卡中选择 Editor,在 Commands 选项卡中选择 Scale,如图 8-17 所示。按住左键拖动 Scael 命令到 Editor 工具条,释放左键,关闭 Customize 对话框。

单击▶按钮,在图形窗口中选择需要缩放的要素(可以多选),单击✖按钮,根据需要移动的要素选择锚位置,在要素上按住鼠标左键拖动到缩放的尺寸,释放左键,完成要素缩放。

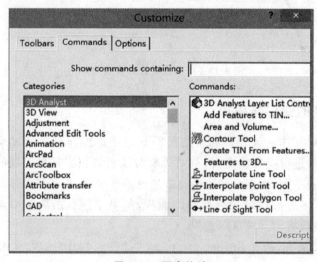

图 8-17 要素缩放

3.要素结点编辑。无论线要素还是面要素，都由若干结点组成。在数据编辑操作中，可以根据需要添加结点、删除结点、移动结点，达到对要素变形与拉伸的目的。

如果要添加的是结点，首先，选中需要修改的要素，单击 Task 箭头，下拉选择 Modify Feature 要素；然后，在需要添加结点的位置单击鼠标右键，选择 Insert Vertex 命令，添加一个结点，如图8-18。移动结点也可以如上操作，选择相应的命令（Delete Vertex、Move 或 Move to）。

图 8-18　要素结点编辑

(八)拓扑检查及拓扑错误修改

在进行要素拓扑编辑之前，首先需要创建拓扑，以便具有共享边或点的要素，按照拓扑关系共享边或点，为拓扑关联的保持或维护做准备。当创建了拓扑之后，要素之间就具有共享的边或点，在编辑共享边或点的过程中，相关要素将自动更新其形状。拓扑关系在空间数据的查询和分析中非常重要。由于进行拓扑编辑时，共享边或点的移动或修改不会影响要素之间的空间关系，所以拓扑编辑经常应用于数据更新，如土地利用类型的更新。

1.拓扑创建。打开 Catalog，选择需要创建拓扑的文件夹，右键选到 New，创建个人数据库（Personal Geodatabase），如图8-19所示。命名后完成个人数据库的创建。

图 8-19　创建拓扑

单击选中刚刚创建的个人数据库,右键选择新建要素集和要素类(如图 8-20)。

图 8-20　新建要素集和要素类

由于我们已经提供了拓扑创建的要素,这里不需要创建要素类(Feature Class),右键选择 Import 即可。

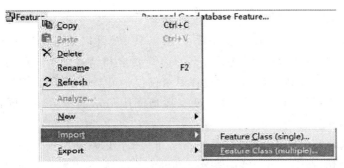

图 8-21　导入要素类

　　添加完要素后,单击该要素集,右键选择新建拓扑(Toplogy),如图 8-22。勾选需要参加拓扑关系建立的图层。

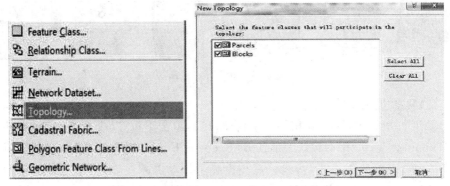

图 8-22　选择需要参加拓扑关系建立的图层

　　最后,选择添加拓扑规则。这里通常选择"不重叠(Must Not Overlap)"和"没有缝隙(Must Not Have Gaps)"。(如图 8-23)注:右边有每种规则的示意图和解释,指导根据需要创建拓扑规则。

　　添加完规则后会提示你是否要验证拓扑,选择"确定"。

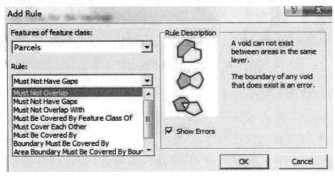

图 8-23　添加拓扑规则

2.拓扑编辑。

(1)共享要素移动。在拓扑关系构建以后,就可以通过█按钮对共享要素(Shared Features)进行移动,包括共享的边线要素和结点要素。在共享要素的选择与移动过程中,以高亮度显示的选择要素仅仅是最上层的要素,但在执行了移动之后,没有被选择的相关要素,以及没有在地图中显示的相关要素同样会发生移动,以保持拓扑关联的一致性。

共享要素的移动又分共享结点的移动和共享边的移动两种。拓扑关系建立以后,单击█按钮,在图形窗口选中需要移动的共享结点(或共享边),结点(或边)以高亮度显示,然后按住鼠标左键将节点(或边)拖到新的位置释放左键,结点(或边)被移动。数据集中与该结点具有一致性的,和其相连接的边线与结点都相应更新位置。

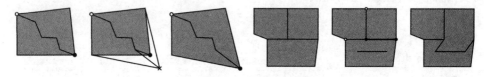

图 8-24　共享要素移动

(2)共享边的编辑。

①共享边线的变形。在拓扑关系构建以后,单击下拉 Task 箭头,选择拓扑任务(Topology Task)中的边线变形任务(Reshape Edge),单击█按钮,在图形窗口选择需要变形的共享边线,边线以高亮度显示。单击🖊按钮,根据边线变形的需要,在图形窗口绘制一条草图线,该草图线应与共享边线两次相交。双击鼠标左键,结束草图线绘制,共享边线发生变形,与该边线具有一致性的,和其相连接的边线与结点都将变形。

图 8-25　共享边线的变形

②共享边的修改。在拓扑关系构建以后,单击 Task 下拉箭头,选择边线修改任务(Modify Edge),单击按钮█,在图形窗口选择需要修改的共享边线,边线以高亮度显示。根据需要对边线进行修改,包括结点的添加、删除、移动等操作。单击鼠标右键,选择 Finish Sketch 命令,共享边线被修改,与该边线具有一致性的,和其相连接的边线与结点都将被修改。

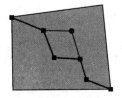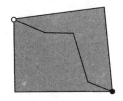

图 8-26 共享边的修改

③共享多边形生成。利用共享边线特性和多边形自动闭合任务（Auto→Complete Polygon），可以生成共享的多边形。该多边形与原有的要素自动建立共享结点和共享边线，如果再利用抓点环境（Snapping Environment）设置，就可以更好地抓取已经存在的边线。

在拓扑关系构建以后，单击 Task 下拉箭头，选择多边形自动闭合任务（Auto-Complete Polygon），单击需要生成新多边形的数据层，并单击按钮 ✎，根据绘制多边形的需要，在图形窗口绘制一条草图线，草图线的起点与终点都应该与已有的多边形边线相交。双击鼠标左键，结束草图线绘制，生成共享多边形。组成多边形的其他结点与边线，都将自动与已有的多边形共享草图线，与已有多边形边线相交的出头线将自动被裁剪（Trim）。

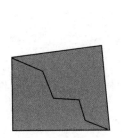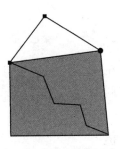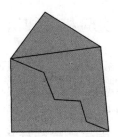

图 8-27 共享多边形生成

实验九　空间数据处理

一、实验目的

掌握空间数据处理(融合、拼接、剪切、交叉、合并)的基本方法和原理,并领会其用途。

二、实验准备

1.软件准备:ArcGIS Desktop 9. x。

2.数据准备:云南县界. shp,Clip. shp,西双版纳森林覆盖. shp,西双版纳县界. shp,等文件。

三、实验相关知识

原始数据往往具有多源性,在数据结构、数据组织、数据表达、空间范围等方面与用户的需求不一致,需要对空间数据进行处理,具体包括空间数据的格式转换、空间数据的结构转换等。

(一)空间数据的结构转换

空间数据结构是地理信息系统沟通信息的桥梁,只有充分理解地理信息系统所采用的特定数据结构,才能正确有效地使用系统。地理信息系统的空间数据结构主要有栅格结构(显式表示)和矢量结构(隐式表示)。

栅格结构是最简单最直观的空间数据结构,又称为网格结构(raster 或 grid cell)或像元结构(pixel),是指将地球表面划分为大小均匀紧密相邻的网格阵列,每个网格作为一个像元或像素,由行、列号定义,并包含一个代码,表示该像素的属性类型或量值,或仅仅包含指向其属性记录的指针。矢量数据结构通过记录空间对象的坐标及空间关系来表达空间对象的位置。

点:空间的一个坐标点;线:多个点组成的弧段;面:多个弧段组成的封闭多边形。

1.矢量数据向栅格数据的转换。由于栅格数据在空间叠加分析、空间数据共享等方面比矢量数据更具有优势,经常需要将点、线、多边形等形式存在的矢量数据转换成栅格数据。

线实体转换时,需要计算出线所经过的所有栅格,并将线的属性赋予这些栅格。多边形由矢量向栅格的转换又称为多边形填充,它首先将多边形的边界转换成栅格,然后对多边形内部的所有栅格进行填充,赋予多边形的属性值。在 ArcGIS 中,矢量数据向栅格数据的转换过程为:Conversion Tools→To Raster→Feature to Raster(如图 9-1)。

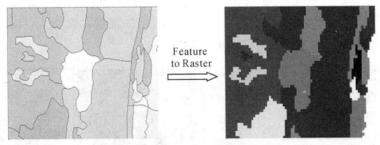

图 9-1 矢量数据向栅格数据的转换

2. 栅格数据向矢量数据的转换。主要目的是为了能将自动扫描仪获取的栅格数据加入矢量形式的数据库。在 ArcGIS 中,栅格数据向矢量多边形数据的转换过程为:Conversion Tools→From Raster→Raster to Polygon(如图 9-2 和图 9-3)。

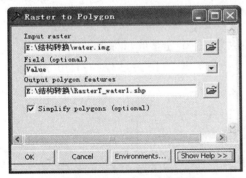

图 9-2 Raster to Polygon 对话框

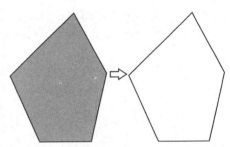

图 9-3 Raster to Polygon 的图解表达

(二)数据裁切

数据裁切是从整个空间数据中裁切出部分区域,以便获取真正需要的数据作为研究区域,减少不必要的数据参与运算。

1. 矢量数据的裁切。在 ArcGIS 中,矢量数据的裁切过程为:Analysis Tools→Extract→Clip。

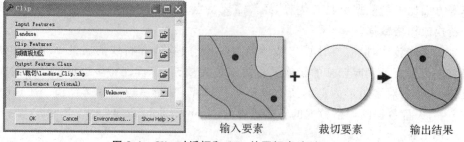

图 9-4 Clip 对话框和 Clip 的图解表达(据 ESRI)

2.栅格数据的裁切。在 ArcGIS 中,栅格数据的裁切过程为:Spatial Analyst Tools→Extraction→Extract by Mask(如图 9-5)。

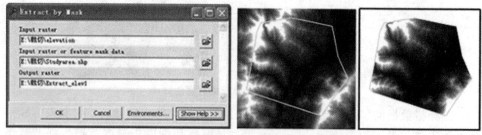

图 9-5 Extract by Mask 对话框和栅格数据的提取

(三)数据拼接

数据拼接是指将空间相邻的数据拼接成为一个完整的目标数据。

1.矢量数据的拼接。在 ArcGIS 中,矢量数据的拼接过程为:Data Management Tools→General→Append(如图 9-6)。

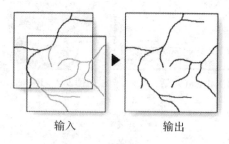

输入　　　　　　　　　　　　输出

图 9-6 Append 的图解表达(据 ESRI)

2.栅格数据的拼接。在 ArcGIS 中,栅格数据的拼接过程为:Data Management Tools→Raster Dataset→Mosaic To New Raster(如图 9-7)。

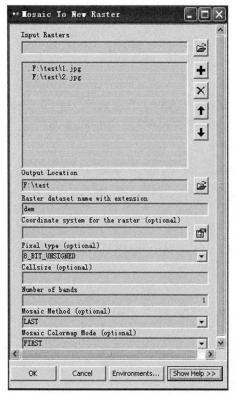
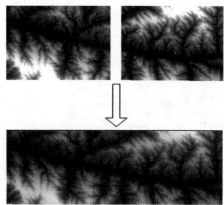

图 9-7　Mosaic To New Raster 对话框和 Mosaic To New Raster 的图解表达

（四）空间数据的提取

数据提取是根据一定的属性条件（一般采用 SQL 表达式），从已有的数据中选取部分要素，输出为一个新的数据。它相当于在原数据中提取符合条件的子集（如图 9-8）。

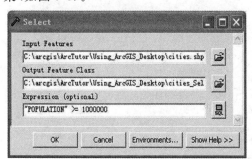
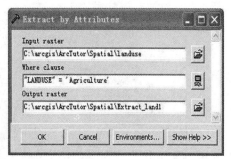

图 9-8　矢量数据的提取和栅格数据的提取

四、实验步骤

(一)裁剪要素

1.添加数据。在 ArcMap 中，添加数据 GISDATA\云南县界.shp，添加数据 GISDATA\Clip.shp(Clip 中有四个要素)。激活 Clip 图层，选中 Clip 图层中的一个要素。注意:不要选中"云南县界"中的要素。

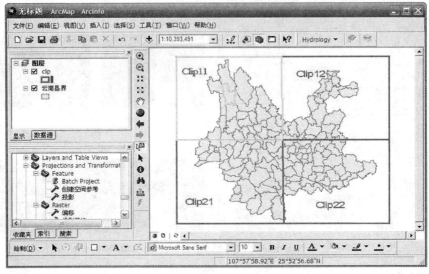

图 9-9　选中 **Clip1** 图层

2.打开 Clip 工具。点击打开 ArcToolbox，指定输出要素类路径及名称，这里请命名为"云南县界_Clip1"。指定输入类:云南县界;指定剪切要素:Clip(必须是多边形要素)(如图 9-10)。

图 9-10　剪切要素

3.实现 Clip 操作。依次选中 Clip 主题中其他三个要素,重复以上的操作步骤,完成操作后将得到四个图层("云南县界_Clip1""云南县界_Clip2""云南县界_Clip3""云南县界_Clip4")。

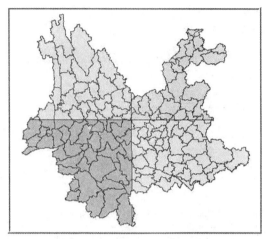

图 9-11   剪切四个要素图层

(二)拼接图层

1.添加数据层。在 ArcMap 中新建地图文档,加载剪切要素操作中得到的四个图层。

2.启动追加工具。点击 ⊡ 打开 ArcToolbox,在 ArcToolbox 中执行"追加"命令(如图 9-12)。

图 9-12   追加要素

输出要素:设定为云南县界_Clip1。

输入要素:依次添加其他三个图层。

鼠标右键点击图层"云南县界_Clip1",在出现的右键菜单中执行"数据"→"导出数据"。

指定导入数据的路径和名称:YNOK.shp(如图9-13)。

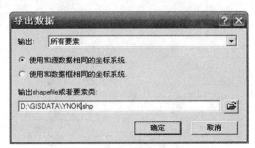

图9-13　导出数据

3.实现拼接。通过以上操作我们就完成了将四个图层拼接为一个图层的处理。

4.新建一个地图文档,加载数据YNOK.shp,查看图层并打开其属性表,看看其与"云南县界"中的属性表有何区别。

(三)要素融合

在拼接图层的基础上继续执行"融合"命令。

输入要素:指定为YNOK。

融合字段:选择为"所属州"(如图9-14),将根据这个字段的值对要素进行融合,YNOK图层中"所属州"相同的要素将合并成一个要素。

图9-14　要素融合

以上操作,根据指定字段的值,对现有图层中的要素进行融合,产生新的图层YNOK_Dissovle.shp,打开并查看其属性表。

(四)图层合并

1. 添加数据。在 ArcMap 中新建一个地图文档，加载数据 GISDATA\西双版纳森林覆盖. shp 和 GISDATA\西双版纳县界. shp，调整图层顺序，将西双版纳县界置于下方。

2. 启动联合命令。打开 ArcToolbox，在 ArcToolbox 中执行"联合"命令。在联合对话框中，输入要素依次添加"西双版纳森林覆盖""西双版纳县界"两个图层，输出要素类设置为 Union. shp(如图 9-15)。

图 9-15　联合命令

3. 查看属性。查看输出要素类 Union 的属性表，并检查属性"Type"，其中为"Y"的表示有植被覆盖的区域，右键点击图层 Union，修改属性→符号 (设置为唯一值图例，字段设置为 TYPE)。

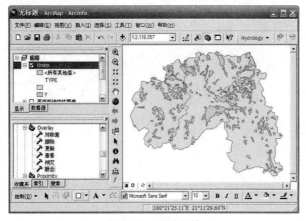

图 9-16　查看属性

(五)图层相交

在 ArcToolbox 中,执行"相交"命令,在"相交对话框"中,输入要素依次添加"西双版纳森林覆盖""西双版纳县界"两个图层,输出要素类设置为 Intersect. shp(如图 9-17)。

图 9-17　启动相交命令

查看输出要素类 InterSect,并将其与"西双版纳森林覆盖"及"图层合并"操作所得的结果"Union"进行比较,进一步思考这类操作适合求解哪些现实问题。

第四部分

空间分析

实验十 缓冲区分析

一、实验目的

缓冲区分析是用来确定不同地理要素的空间邻近性和邻近程度的一类重要空间操作,通过本次实验,应达到以下目的:

1. 加深对缓冲区分析基本原理、方法的认识。
2. 熟练掌握距离制图创建缓冲区技术方法。
3. 掌握利用缓冲区分析方法解决地学空间分析问题的能力。

二、实验准备

1. 软件准备:ArcGIS Desktop 9. x,并且激活 extension 模块。
2. 数据准备:图层文件 point. shp,lline. shp,polygon. shp。

三、实验相关知识

空间分析是从空间数据中获取有关地理对象空间位置、分布、形态、形成和演变等信息的分析技术,是地理信息系统的核心功能之一,它特有的对地理信息的提取、表达和传输功能,是地理新系统区别于一般管理信息系统的主要功能特征。在空间分析的研究和实践中,很多在应用领域具有普遍意义、涉及空间位置的分析手段和方法被总结、提炼出来,形成了在 GIS 软件中均包含的一些固有空间分析功能模块。这些功能具有一定的通用性质,故称之为 GIS 空间分析,具体包括缓冲区分析、叠置分析、网络分析等。

(一)缓冲区分析的基本原理

缓冲区是指为了识别某一地理实体或空间物体对其周围地物的影响度,而在其周围建立的具有一定宽度的带状区域。缓冲区分析则是对一组或一类地物按缓冲的距离条件,建立缓冲区多边形,然后将这一图层与需要进行缓冲区分析的图层进行叠加分析,得到所需结果的一种空间分析方法。

　　缓冲区分析适用于点、线或面对象,如点状的居民点、线状的河流和面状的作物区等,只要地理实体或空间物体能对周围一定区域形成影响度即可使用这种分析方法。例如,濒临灭绝的动物保护研究,可根据野生动物的栖息地和活动区域划定出保护区的范围;在林业方面,要求距河流两岸一定范围内规定出禁止砍伐树木的地带,以防止水土流失(如图 10-1);对一个城市某街区进行改造,运用缓冲区分析方法很容易知道哪些单位和居民为应搬迁的对象(如图 10-2)。此外,空间信息数据的结构化处理也需要递归地执行缓冲区操作,如河网树结构的自动建立,山脊线与谷底线的结构化等。

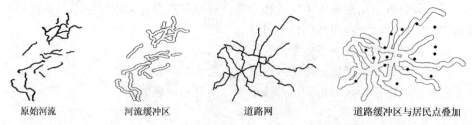

| 原始河流 | 河流缓冲区 | 道路网 | 道路缓冲区与居民点叠加 |

图 10-1　河流缓冲区示意图　　　　　图 10-2　道路缓冲区分析

　　从数学的角度看,缓冲区分析的基本思想是给定一个空间对象或集合,确定其邻域,邻域的大小由邻域半径 R 决定,因此对象 O_i 的缓冲区定义为:$B_i = \{x \mid d(x, O_i) \leqslant R\}$,即半径为 R 的对象 O_i 的缓冲区,B_i 为距 O_i 距离小于等于 R 的全部点的集合,d 一般指最小欧氏距离,但也可以为其他定义的距离,如网络距离,即空间物体间的路径距离。对于对象集合 $O = \{O_i \mid i = 1, 2, \cdots, n\}$,其半径为 R 的缓冲区是各个对象缓冲区的并集,即

$$B = \bigcup_{i=1}^{n} B_i \tag{10.1}$$

　　邻域半径 R 即缓冲距离(宽度),是缓冲区分析的主要数量指标,可以是常数或变量。例如,沿河流干流可以用 200 m 作为缓冲距离,而沿支流则用 100 m,如图 10-3(a)所示;空间对象还可以生成多个缓冲带,例如一个水电站可以分别用 10 m、20 m、30 m 和 40 m 做缓冲区,环绕该水电站便形成多环带,如图 10-3(b)所示。线状要素的缓冲带可以两侧对称,如果该线有拓扑关系,可以只在左侧或右侧建立缓冲区,或生成两侧不对称的缓冲区;面状要素可以生成内侧和外侧缓冲区;点状要素根据应用要求的不同可以生成三角形、矩形、圈形等特殊形态的缓冲区。值得注意的是,缓冲区为新生成的多边形,不包括原来的点、线、面要素。

　　根据研究对象影响力的特点,缓冲区可以分为均质与非均质两种。在均质缓冲区内,空间物体与邻近对象只呈现单一的距离关系,缓冲区内各点影响度相等,即不随距离空间物体的远近而有所改变(即均质性),例如对一军事要塞建立缓冲区并划定禁区的范围为 2 km,在该范围内闲杂人等都不能随便出入;而在非均质的缓冲区内,空间物体对邻近对象的影响度随距离变化而呈不同强度的扩散或衰减(即非均质性),比如某火箭发射场对周围环境的噪声影响是随着距离的增大而逐渐减弱的。根据均质与非均质的特性,缓冲区可分为静态缓冲区和动态缓冲区,如图 10-4 所示,在静态缓冲区内 a=b,在动态缓冲区内 a≠b,这里 a 和 b 指影响度。

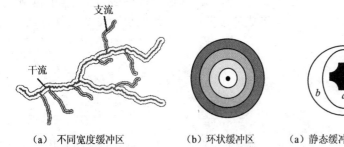

(a) 不同宽度缓冲区　　(b) 环状缓冲区　　(a) 静态缓冲区 $a=b$　　(b) 动态缓冲区 $a≠b$

图 10-3　不同类型的缓冲区　　　　　图 10-4　具有不同特性的缓冲区

(二)缓冲区建立方法

由于在地理信息系统中,数据存储类型主要为矢量数据和栅格数据,因此其缓冲区建立的方法也有所不同。

1.矢量数据缓冲区的建立方法。

(1)点要素的缓冲区。点要素的缓冲区是以点要素为圆心,以缓冲距离 R 为半径的圆,其中包括单点要素形成的缓冲区、多点要素形成的缓冲区和分级点要素形成的缓冲区等(如图 10-5)。

(a) 单点要素形成的缓冲区　　(b) 多点要素形成的缓冲区　　(c) 分级点要素形成的缓冲区

图 10-5　点形成的缓冲区形式

(2)线要素的缓冲区。线要素的缓冲区是以线要素为轴线,以缓冲距离 R 为平移量向两侧做平行曲(折)线,在轴线两端构造两个半圆弧最后形成圆头缓冲区,如图 10-6 所示,其中包括单线要素形成的缓冲区、多线要素形成的缓冲区和分级线要素形成的缓冲区。

(3)面要素的缓冲区。面要素的缓冲区是以面要素的边界线为轴线,以缓冲距

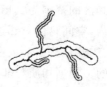

（a）单线要素形成的缓冲区　　（b）多线要素形成的缓冲区　　（c）分级线要素形成的缓冲区

图 10-6　线形成的缓冲区形式

离 R 为平移量向边界线的外侧或内侧做平行曲（折）线所形成的多边形，其中包括单一面状要素形成的缓冲区、多面要素形成的缓冲区和分级面要素形成的缓冲区，如图 10-7 所示。

（a）单一面状要素　　　　　（b）多面要素形成　　　　　（c）分级面要素形
　　形成的缓冲区　　　　　　　　的缓冲区　　　　　　　　　成的缓冲区

图 10-7　面形成的缓冲区形式

　　2.栅格数据缓冲区的建立方法。栅格数据的缓冲区分析通常称为推移或扩散（Spread），推移或扩散实际上是模拟主体对邻近对象的作用过程，对象在主体的作用下沿着一定的阻力表面移动或扩散，对象距离主体越远所受到的作用力越弱。例如，可以将污染源（如化工厂、造纸厂）作为主体，而地形、障碍物和空气作为阻力表面，用推移或扩散的方法计算污染物（物体）离开工厂（主体）后在阻力表面上的移动，得到一定范围内每个栅格单元的污染强度。栅格数据结构的点、线、面缓冲区建立方法主要是像元加粗法，分析目标生成像元，借助于缓冲距离 R 计算出像元加粗次数，然后进行像元加粗形成缓冲区，如图 10-8 所示。

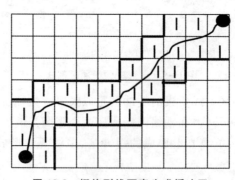

图 10-8　栅格型线要素生成缓冲区

3.动态缓冲区。现实世界中很多空间对象或过程对于周围的影响,并不是随着距离的变化而固定不变的,反而需要建立动态缓冲区,根据空间物体对周围空间影响度的变化性质,可以采用不同的分析模型。

(1)当缓冲区内各处随着距离变化,其影响度变化速度相等时,采用线性模型 $F_i = f_0(1 - r_i)$;

(2)当距离空间物体近的地方比距离空间物体远的地方影响度变化快时,采用二次模型 $F_i = f_0(1 - r_i)^2$;

(3)当距离空间物体近的地方比距离空间物体远的地方影响度变化更快时,采用指数模型 $F_i = f_0 \exp(1 - r_i)$。

其中,f_0 表示参与缓冲区分析的一组空间实体综合规模指数,一般需经最大值标准化后参与运算;$r_i = d_i / d_0$,d_0 表示该实体的最大影响距离,d_i 表示在该实体的最大影响距离之内的某点,与该实体的实际距离,显然,$0 \leqslant r_i \leqslant 1$。

在动态缓冲区生成模型中,影响度随距离的变化而连续变化,对每一个 d_i 都有一个不同的 F_i 与之对应,这在实际应用中是不现实的,因此往往根据实际情况把影响度分成几个典型等级,在每一个等级取一个平均影响度,并根据影响度确定 d_i 的等级,即把连续变化的缓冲区转化成阶段性变化的缓冲区。

四、实验步骤

(一)距离制图——创建缓冲区

1.点要素图层的缓冲区分析。

(1)在 ArcMap 中新建地图文档,加载图层 StudyArea point。

(2)打开 Arctoolbox,执行命令"Spatial Analyst Tools"→"Distance"→"欧几里德距离",按图 10-9 所示设置各参数。

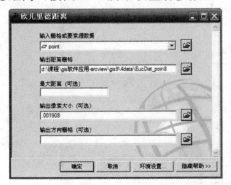

图 10-9　点要素缓冲设置

设置"常规选项"中的"输入范围",使其与 StudyArea 相同。

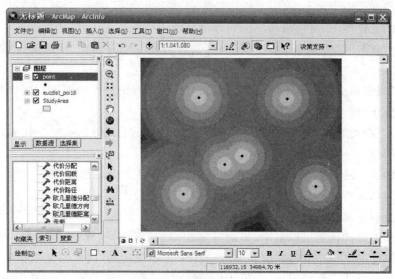

图 10-10　设置缓冲范围

(3)显示并激活由 point. shp 产生的新栅格主题 eucdist_poin(如图 10-10)。在进行分析时,若选中了 point 图层中的某一个或几个要素,则缓冲区分析只对该要素进行;否则,对整个图层的所有要素进行分析。

2.线要素图层的缓冲区分析。

(1)在 ArcMap 中新建地图文档,加载 line 图层,点击常用工具栏中的 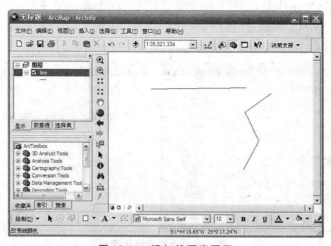,将地图适当缩小。

图 10-11　添加线要素图层

（2）分别选中图层 line 中的两条线，进行缓冲区分析，注意比较线缓冲区分析与点缓冲区分析有何不同。

方法：打开 Arctoolbox，执行命令"Spatial Analyst Tools"→"Distance"→"欧几里德距离"；设置"环境设置"中"常规选项"中的"输出范围"为"Same As Display"（如图 10-12）。

（3）取消选定，对整个 line 层面进行缓冲区分析，观察其与前两个分析结果的区别。

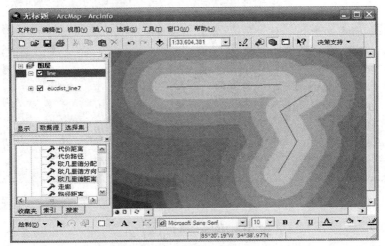

图 10-12　线要素缓冲结果

3.多边形图层的缓冲区分析。在 ArcMap 中新建地图文档，添加图层 polygon，进行缓冲区分析，观察面缓冲区分析其与点、线缓冲区分析有何区别。

与创建线的缓冲区相同，先将地图适当缩小，将"环境设置"下"常规选项"中的"输出范围"设置为"Same As Display"（如图 10-13）。

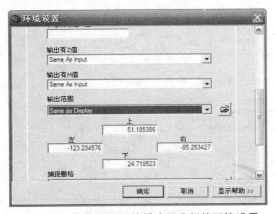

图 10-13　多边形图层的缓冲区分析的环境设置

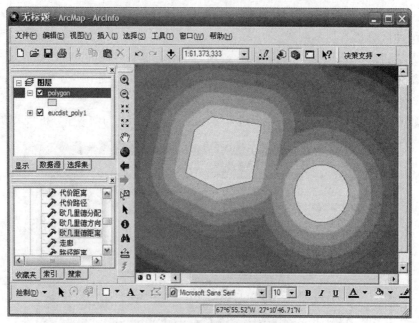

图 10-14　多边形要素缓冲结果

(二)综合应用实验(城市化的影响范围)

假定:urban 图层表示的是城市化进程中的一些工业小城镇,还包括一个自然生态保护区。这些小城镇的城市化会对周边地区产生一些扩张影响,但自然生态保护区周围 0.05 的范围内不能有污染性工业,因此其城市化的范围就会受到限制。

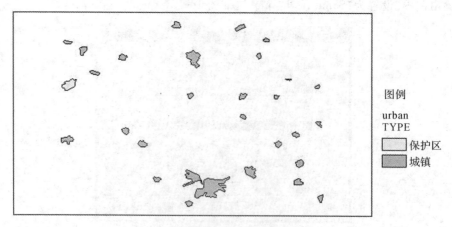

图 10-15　保护区和城镇的空间分布

1. 在 ArcMap 中,新建地图文档,添加图层 urban. shp、UrbanArea,对 urban 图层中的自然保护区图斑(属性 Type="保护区")执行"Spatial Analyst Tools"→ "Distance"→"欧几里德距离"命令,得到 Dist_Nature;对 urban 图层中除了自然保护区之外的所有图斑执行"Spatial Analyst Tools"→"Distance"→"欧几里德距离"命令,得到 Dist_Res。注意:"环境设置"选项下,常规设置的输出范围选择为 Same As UrbanArea。

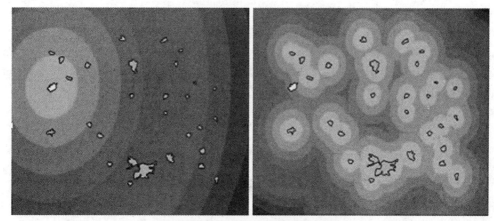

图 10-16　保护区和城镇的缓冲区分析

2. 对图层 Dist_Nature 执行栅格计算(使用空间分析工具中的栅格计算器),提取≤0.05 的区域,并进行重分类,使得原来的 True(1)值为 0,False(0)值为 1,得到"Reclass of 计算"。

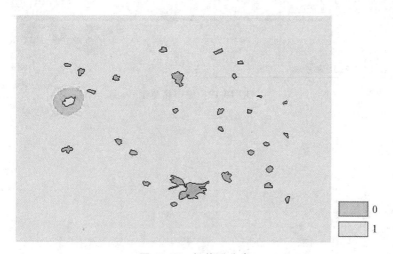

图 10-17　栅格重分类

3. 对图层 Dist_Res 进行栅格计算，提取≤0.06 的区域，得到"计算 2"。

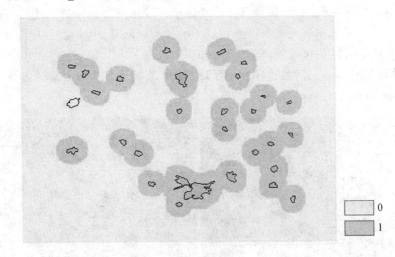

0

1

图 10-18　栅格计算

4. 进行图层"Reclass of 计算"与"计算 2"相乘的栅格计算（使用空间分析工具栏中的栅格计算器），得到城市化范围"计算 3"图层。（如图 10-19 所示）

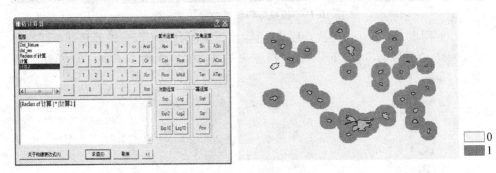

0

1

图 10-19　城市化范围

实验十一　叠加分析

一、实验目的

理解空间叠加分析的基本原理,掌握常用矢量数据空间叠加分析方法。

二、实验准备

1. 软件准备:ArcGIS Desktop 9. x,并能激活 extension 模块。

2. 数据准备:道路中心线(road. shp)、土地利用数据(landuse)、分村行政区划数据(village)、道路占地统计表. xls。

三、实验相关知识

(一)叠加分析概述

传统的地图分析中,为比较两个不同专题要素之间的空间关系,一般只能将两个要素在同一幅图中描绘出来,或者用透图桌将两幅图叠加,这对于研究多要素之间的关系是非常困难的。而在 GIS 环境下,将分层存储的各种专题要素自动叠合相交,便可以得到包含原始图层空间信息及与之相关联的属性信息的新图层,这就是叠加分析操作。叠加分析是 GIS 重要的空间分析功能之一,有人将叠加分析功能形象地理解为计算机化的透图桌,传统透图桌一次最多能叠加三张图件,而 GIS 中的叠加分析可以非常容易地实现图形叠加,且中间结果可根据用户的需要进行保存,原则上可实现无限制的叠加,从而能方便地对更多的专题要素进行研究,减少盲目性。

叠加分析是指将同一地区、同一比例尺、同一数学基础,不同信息表达的两组或多组专题要素的图形或数据文件进行叠加,根据各类要素与多边形边界的交点,或多边形属性建立的具有多重属性组合的新图层(如图 11-1 所示),并对那些在结构和属性上既相互重叠,又相互联系的多种现象要素进行综合分析和评价;或者对反映不同时期同一地理现象的多边形图形进行多时相系列分析,从而深入揭示各种现象要素的内在联系及其发展规律的一种空间分析方法。

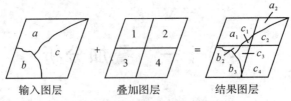

输入图层　　　　叠加图层　　　　结果图层

图 11-1　叠加分析的基本概念

叠加分析是对地理信息图形和属性进行各自的叠加处理。矢量数据模型以点、线、面等简单几何对象来表示空间要素,叠加分析时空间要素图形处理比较复杂,而栅格数据模型则以格网的形式记录属性信息,隐含空间信息,不涉及图形要素的叠加处理;矢量数据模型与栅格数据模型的属性叠加处理分为代数运算与逻辑运算两大类,其中栅格数据模型的叠加运算常被称为地图代数,应用非常广泛。

地理空间数据的处理与分析的目的是获得空间潜在信息,叠加分析是非常有效的提取隐含信息的工具之一。例如,将全国水文监测站分布图与行政区图叠加,得到一个新的图层,既保留了水文监测站的点状图形及属性,同时附加了行政分区的属性信息,据此可以查询水文站点属于哪个省区,或者查询某省区内共有多少个水文站点;又如将某区域的土地利用类型图与土壤 pH 值状态图、地下水埋深图、植被覆盖图等专题地图叠加,生成新的图层后按照湿地的定义形成属性判别标准,从而判断该区域是否为湿地。

(二)空间要素图形叠加

空间要素主要指的是矢量数据模型中的点、线、面等要素类,空间要素的图形叠加首先应考虑要素类型。输入的图形要素可以是点、线或者多边形,叠加图层必须是多边形,输出图层具有与输入图层一致的要素类型。因此,矢量数据图形要素的叠加处理按要素类型可分为点与多边形的叠加、线与多边形的叠加、多边形与多边形的叠加三种。

1.点与多边形的叠加。将一个点层作为输入图层,叠加到一个多边形图层上,生成的新图层仍然是点层,其区别在于叠加的过程中进行了点与多边形位置关系的判别,即通过计算点与多边形线段的相对位置,来判断这个点是否在多边形内,从而确定是否进行属性信息的叠加。

叠加分析后的图层通常会生成一个新的属性表,该属性表不仅保留了原图层的属性,还含有落在哪个多边形内的目标标识。例如,将水质监测井分布图(点)和水资源四级分区图(多边形)进行叠加分析,水资源四级分区的属性信息就会添加到水质监测井的属性表中。通过属性查询能够知道每个监测井是属于哪个四级区,还可查询特定的四级区内包含有哪些水质监测井等信息。水资源四级区的属性表中还有属于哪个省区、面积大小等信息,监测井的属性表也可以与这些属性关联起来,便于相关信息的查询。

2.线与多边形的叠加。将一个线图层作为输入图层,叠加到一个多边形图层上,并进行线段与多边形的空间关系判别,主要是比较线上坐标与多边形的坐标,判断线段是否落在多边形内。与点目标不同的是,一个线目标往往跨越多个多边形,这时需要计算线与多边形的交点——只要相交就会生成一个结点,多个交点将一个线目标分割成多个线段,同时多边形属性的信息也会赋给落在它范围内的线段。叠加分析的结果产生了一个新的线状数据层,该层内的线状目标属性表发生了变化,可能不与原来的属性表一一对应,包含原始线层的属性和用做叠加图层的多边形的属性。叠加分析操作后既可确定每条线段落在哪个多边形内,也可查询指定多边形内指定线段穿过的长度。例如一个河流层(线)与行政分区层(多边形)叠加到一起,若河流穿越多个省区,省区分界线就会将河流分成多个弧段,从而可以查询任意省区内河流的长度,计算河网密度;若线层是道路层,则可计算每个多边形内的道路总长度、道路网密度,还可查询道路跨越哪些省份等。

3.多边形与多边形的叠加。多边形与多边形的叠加要比前两种叠加复杂得多。首先两层多边形的边界要进行几何求交,原始多边形图层要素被切割成新的弧段,然后根据切割后的弧段要素重建拓扑关系,生成新的多边形图层,并综合原来两个叠加图层的属性信息。

叠加分析的几何求交过程,首先求出所有多边形边界线的交点,再根据这些交点重新进行多边形拓扑运算,对新生成的拓扑多边形图层的每个对象赋予唯一的标识码,同时生成一个与新多边形图层一一对应的属性表。

由于手扶跟踪数字化或扫描的精度很高,使得两个多边形叠加时出现在不同图层上的同一线划要素,如道路、行政界线等不能精确地重合,叠加后会产生大量细碎的多边形,引起细碎多边形的其他原因包括源地图的误差和解译误差等。

消除细碎多边形的一种方法是规定模糊容限值。模糊容限强制把构成线的点捕捉到一起,如果这些点落在指定距离之内的话,剔除过程不尽合理;若容限值过大就会把共同边界及在输入地图中不共用的线都捕捉到一起,在输出地图上便会产生扭曲的地图要素,滤除过程会产生信息错误或边界移位,导致新的误差。去除细碎多边形更好办法是应用最小制图单元概念。最小制图单元是由政府机构或组织指定的最小面积单元。例如,国家林地采用 $1\ km^2$ 作为最小制图单元,小于 $1\ km^2$ 的任一破碎多边形将被并到其邻接多边形内而被消除。若精度要求较高,也可通过人机交互的方式将小多边形合并到大多边形中去。

　　根据叠加结果要保留不同的空间特征,常用的 GIS 软件通常提供了三种类型的多边形叠加分析操作,即并、叠和、交。

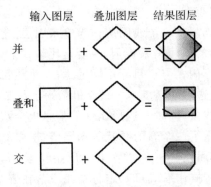

图 11-2　　多边形的不同叠加方式

　　(1)并(Union):保留两个叠加图层的空间图形和属性信息,往往输入图层的一个多边形,被叠加图层中的多边形弧段分割成多个多边形,输出图层综合了两个图层的属性。

　　(2)叠和(Identity):以输入图层为界,保留边界内两个多边形的所有多边形,输入图层切割后的多边形也被赋予叠加图层的属性。

　　(3)交(Intersect):只保留两个图层公共部分的空间图形,并综合两个叠加图层的属性。

(三)空间要素属性叠加

　　按照叠加的方式,空间要素属性叠加可分为代数叠加与逻辑叠加。栅格数据的代数叠加与逻辑叠加更为大家所熟知,矢量数据在进行空间图形叠加处理之后,将相应图层的属性表关联到一起,那么属性值的变化就与这里的代数叠加和逻辑叠加相关了。

　　1.矢量数据叠加分析。

　　矢量数据属性叠加处理更多地使用逻辑叠加运算,即布尔逻辑运算中的包含、交、并、差等。以线与多边形叠加为例(如图 11-3),判断线段与多边形的位置关系之后,建立叠加后线段的新属性表,由于原有线段被分割成多个线段,该属性表与原属性表不能一一对应,但它包含原来线段的属性和被叠加多边形的属性,如图11-4(a)表示逻辑并的结果,既包含多边形的属性也包含线段的属性。当要求逻辑差和逻辑交时,只需要从表中进行逻辑差和逻辑交运算。多边形与多边形叠加的图形运算比较复杂,但是属性叠加只需依据运算规则进行各种代数及逻辑运算即可。

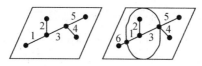

图 11-3　线与多边形的叠加

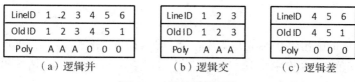

LineID	1 2 3 4 5 6
OldID	1 2 3 4 5 1
Poly	A A A 0 0 0

（a）逻辑并

LineID	1 2 3
OldID	1 2 3
Poly	A A A

（b）逻辑交

LineID	4 5 6
OldID	4 5 1
Poly	0 0 0

（c）逻辑差

图 11-4　属性逻辑运算

2.栅格数据叠加分析。

（1）基本原理。

用栅格方式来组织存储数据的最大优点就是数据结构简单,各种要素都可用规则格网和相应的属性来表示,且这种格网数据不会出现类似于矢量数据多层叠加后,精度有限导致边缘不吻合的问题,因为对于同一区域、同一比例尺、同一数学基础的不同信息表达要素来说,其栅格编号不会发生变化,即对于任意栅格单元用作标识的行列号 I_0、J_0 是不变的,进行叠加的时候只是增加了属性表的长度,表 11-1 表示进行多重叠加后的栅格多边形的数据结构。

表 11-1　一个栅格的多重属性表示

栅格编号		属性 1	属性 2	…	属性 n
I_0	J_0	R_1	R_2	…	R_n

栅格数据来源复杂,包括各种遥感数据、航测数据、航空雷达数据、摄影的图像数据,以及通过数字化和网格化的地质图、地形图、各种地球物理、地球化学数据和其他专业图像数据。叠加分析操作的前提是要将其转换为统一的栅格数据格式,如 BMP、GRID 等,且各个叠加层必须具有统一的地理空间,即具有统一的空间参考(包括地图投影、椭球体、基准面等)、比例尺及分辨率(即像元大小)。

栅格叠加可用于数量统计,如行政区图和土地利用类型图叠加,可计算出某一行政区划内的土地利用类型个数,以及各种土地利用类型的面积;可进行益本分析,即计算成本、价值等,如可将城市土地利用图与大气污染指数分布图、道路分布图叠加,进行土地价格的评估与预测;可进行最基本的类型叠加,如土壤图与植被图叠加,从而得出土壤与植被分布之间的关系图;还可以进行动态变化分析及几何提取等应用。不同专题图层的选择要根据用户的需要及各专题要素属性之间的相互联系来确定。

栅格数据的叠加分析操作,主要通过栅格之间的各种运算来实现。它可以对单层数据进行各种数学运算,如加、减、乘、除、指数、对数等,也可通过数学关系式建立多个数据层之间的关系模型。设 a、b、c 等表示不同专题要素层上同一坐标处的属性值,f 函数表示各层上属性与用户需要之间的关系,A 表示叠加后输出层的属性值,则

$$A = f(a, b, c, \cdots) \tag{11.1}$$

叠加操作的输出结果可能是算术运算结果,或者是各层属性数据的最大值或最小值、平均值(简单算术平均或加权平均),或者是各层属性数据逻辑运算的结果。此外,其输出结果可以通过对各层具有相同属性值的格网进行运算得到,或者通过欧几里德几何距离的运算及滤波运算等得到。这种基于数学运算的数据层间叠加运算,在地理信息系统中称为地图代数。地图代数在形式和概念上都比较简单,使用起来方便灵活,但是把图层作为代数公式的变量参与计算,在技术上实现起来比较困难。

基于不同的运算方式和叠加形式,栅格叠加变换包括如下几种类型:

①局部变换:基于像元与像元之间一一对应的运算,每一个像元都是基于它自身的运算,不考虑其他与之相邻的像元;

②邻域变换:以某一像元为中心,将周围像元的值作为算子,进行简单求和,求平均值、最大值、最小值等;

③分带变换:将具有相同属性值的像元作为整体进行分析运算;

④全局变换:基于研究区内所有像元的运算,输出栅格的每一个像元值是基于全区的栅格运算,这里像元是有/没有属性值的网格(栅格)。

(2)栅格数据叠加方法。

①局部变换。每一个像元经过局部变换后的输出值与这个像元本身有关系,而不考虑围绕该像元的其他像元值。如果输入单层格网,局部变换以输入格网像元值的数学函数,计算输出格网的每个像元值。局部变换的过程很简单,例如将原栅格值乘以常数后作为输出栅格层中相应位置的像元值,如图 11-5(a)。单层格网的局部变换不仅局限于基本的代数运算,三角函数、指数、对数、幂等运算都可用来定义局部变换的函数关系。

（a）单层局部变换　　（b）多层局部变换

图 11-5　局部变换

局部变换方法中的常数,可用同一地理区域的乘数栅格层代替进行多层之间的运算,如图 11-5(b)。多层格网的局部变换与把空间和属性结合起来的矢量地图叠加类似,但效率更高。多层格网可作更多的局部变换运算,输出栅格层的像元值,可由多个输入栅格层的像元值或其频率的量测值得到,概要统计(包括最大值、最小值、值域、总和、平均值、中值、标准差)等也可用于栅格像元的测度。例如,用最大值统计量的局部变换运算,可以从代表 20 年降水变化的 20 个输入栅格层中计算出一个最大降水量格网,这 20 个输入栅格层中的每个像元,都以年降水数据作为其像元值。

局部变换是栅格数据分析的核心,对于要求数学运算的 GIS 项目非常有用,植被覆盖变化研究、土壤流失、土壤侵蚀,以及其他生态环境问题都可以应用局部变换进行分析。例如,通用土壤流失方程式为

$$A = f(R, K, L, S, C, P) \tag{11.2}$$

11.2 式中采用了 6 个环境因素,R 为降雨强度,K 为土壤侵蚀性,L 为坡长,S 为坡度,C 为耕作因素,P 为水土保持措施因素,A 为土壤平均流失量。若以每个因素输入栅格层,通过局部变换运算即可产生土壤平均流失量的输出格网。

②邻域变换。邻域变换输出栅格层的像元值,主要与其相邻像元值有关。如果要计算某一像元的值,就将该像元看作一个中心点,一定范围内围绕它的格网可以看作它的辐射范围,这个中心点的值取决于采用何种计算方法将周围格网的值赋给中心点,其中的辐射范围可自定义。若输入栅格在进行邻域求和变换时,定义了每个像元周围 3×3 个格网的辐射范围,在边缘处的像元无法获得标准的格网范围,那么辐射范围就减少为 2×2 个格网,输出栅格的像元值就等于它本身与辐射范围内栅格值之和。比如,左上角栅格的输出值就等于它和它周围像元值 2、0、2、3 之和 7;位于第二行、第二列的属性值为 3 的栅格,它周围相邻像元值分别为 2、0、1、0、2、0、3 和 2,则输出栅格层中该像元的值,为以上 9 个数字之和 13。

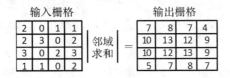

图 11-6　邻域变换

中心点的值除了可以通过求和得出之外,还可以取平均值、标准方差、最大值、最小值、极差频率等。尽管邻域运算在单一格网中进行,其过程类似于多个格网局部变换,但邻域变换的各种运算都是使用所定义邻域的像元值,而不用不同输入格

网的像元值。为了完成一个栅格层的邻域运算,中心点像元从一个像元移到另一个像元,直至所有像元都被访问。邻域变换中的辐射范围一般都是规则的方形格网,也可以是任意大小的圆形、环形和楔形。圆形邻域是以中心点像元为圆心,在指定半径延伸扩展;环形或圈饼状邻域是由一个小圆和一个大圆之间的环形区域组成;楔形邻域是指以中心点单元为圆心的圆的一部分。

邻域变换的一个重要用途是数据简化。例如,滑动平均法可用来减少输入栅格层中像元值的波动水平,该方法通常用 3×3 或 5×5 矩形作为邻域,随着邻域从一个中心像元移到另一个像元,可计算出在邻域内的像元平均值并赋予该中心像元,滑动平均的输出栅格表示初始单元值的平滑化。另一例子是以种类为测度的邻域运算,列出在邻域之内有多少不同单元值,并把该数目赋予中心像元,这种方法用于表示输出栅格中植被类型或野生物种的种类。

③分带变换。将同一区域内具有相同像元值的格网看作一个整体进行分析运算,称为分带变换。区域内属性值相同的格网可能并不毗邻,一般都是通过一个分带栅格层来定义具有相同值的栅格。分带变换可对单层格网或两个格网进行处理,如果为单个输入栅格层,分带运算用于描述地带的几何形状,诸如面积、周长、厚度和矩心。面积为该地带内像元总数乘以像元大小,连续地带的周长就是其边界长度。由分离区域组成的地带,周长为每个区域的周长之和,厚度以每个地带内可画的最大圆的半径来计算。矩心决定了最近似于每个地带的椭圆形参数,包括矩心、主轴和次轴,地带的这些几何形状测度在景观生态研究中尤为有用。

多层栅格的分带变换如图 11-7 所示,通过识别输入栅格层中具有相同像元值的格网在分带栅格层中的最大值,将这个最大值赋给输入层中的这些格网,导出并存储到输出栅格层中。输入栅格层中有 4 个地带的分带格网,像元值为 2 的格网共有 5 个,它们分布于不同的位置并不相邻。在分带栅格层中,它们的值分别为 1、5、8、3 和 5,那么取最大值 8 赋给输入栅格层中像元值为 2 的格网,原来没有属性值的格网仍然保持无数据。分带变换可选取多种概要统计量进行运算,如平均值、最大值、最小值、总和、值域、标准差、中值、多数、少数和种类等,如果输入栅格为浮点型格网,则无最后四个测度。

图 11-7　分带变换

④全局变换。全局变换是基于区域内全部栅格的运算，一般指在同一网格内进行像元与像元之间距离的量测。自然距离量测运算或者欧几里德几何距离运算均属于全局变换，欧几里德几何距离运算分为两种情况：一种是以连续距离对源像元建立缓冲，在整个格网上建立一系列波状距离带；另一种是确定格网中的每个像元与其最近源像元的自然距离，后者在距离量测中比较常见。

　　欧几里德距离运算首先定义源像元，然后计算区域内各个像元到最近的源像元的距离。在方形网格中，垂直或水平方向相邻的像元之间距离，等于像元的尺寸大小，或者等于两个像元质心之间距离；如果对角线相邻，则像元距离约等于像元大小的 1.4 倍；如果相隔一个像元，那么它们之间的距离就等于像元大小的 2 倍，其他像元距离依据行列来进行计算。如图 11-8 中，输入栅格有两组源数据，源数据 1 是第一组，共有三个栅格，源数据 2 为第二组，只有一个栅格。欧几里德几何距离定义源像元为 0 值，而其他像元的输出值是到最近源像元的距离。因此，如果默认像元大小为 1 个单位的话，输出栅格中的像元值就按照距离计算原则赋值为0、1、1.4 或 2。

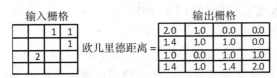

图 11-8　欧几里德距离运算

　　在距离量测中，像元间距离应考虑全部的源数据，且要求像元间距离最短，但没有考虑其他因素，如运费等。通常情况下，卡车司机对穿越一条路径的时间和燃料成本，比其自然距离更感兴趣。通过两个相邻像元（目标物）之间的费用与其他两个相邻像元之间的费用是不同的，这种用经由每个像元的成本或阻抗，作为距离单位的距离量测，属于成本距离量测运算。成本距离量测运算比空间距离量测运算要复杂得多，需要另一个格网来定义经过每个像元的成本或阻抗。成本格网中每个像元的成本经常是几种不同成本之和。例如，管线建设成本可能包括建设和运作成本，以及环境影响的潜在成本。给定一个成本格网，横向或纵向垂直相邻的像元成本距离为所相邻像元成本的平均数，斜向相邻像元的成本距离是平均成本乘以 1.4。成本距离量测运算的目标，不再是计算每个像元与最近源像元的距离，而是寻找一条累积成本最小的路径。

　　对于交通运输格网输出的像元值，应结合最近距离与费用值进行计算，使其达到最小，即达到最佳效益。在图 11-9 中，第一行、第二列的栅格输出值等于穿越它本身和穿越距离它最近的源像元所需费用的一半，等于 3；针对左下角的费用网格值为 2 的像元，有三种路径到达距离它最近的源像元，即 2→a→b；2→c→b；从 2 的质直接到 b 的质心，即 2 与 b 的对角线距离。前两者从距离角度看比较近，其值是一样的，而第三种路径距离稍远，但与费用结合，其费用值就不一样了。第一种路径费用值为 3.5，第二种路径费用值为 6.5，而第三种路径费用值为 $1.4 \times (1+2)/2=2.1$，因是对角线距离，故在计算费用时要乘以距离值的一半，那么第三种路径作为最佳路径，输出栅格的值就为 2.1。

输入栅格

		1	1
			1
a	2		
b	c		

成本栅格

2	2	4	4
4	4	3	3
2	1	4	1
2	5	3	3

输出栅格

5.0	3.0	0.0	0.0
3.5	2.5	2.8	0.0
1.5	0.0	2.5	2.0
2.1	3.0	2.8	4.0

图 11-9　交通费用计算

⑤栅格逻辑叠加。栅格数据中的像元值有时无法用数值型字符来表示，不同专题要素用统一的量化系统表示也比较困难，故使用逻辑叠加更容易实现各个栅格层之间的运算。比如，某区域土壤类型包括黑土、盐碱土及沼泽土，也可获得同一地区的土壤 pH 值及植被覆盖类型相关数据，要求查询出土壤类型为黑土、土壤 pH 值<6，且植被覆盖以阔叶林为主的区域，将上述条件转化为条件查询语句，使用逻辑求交即可查询出满足上述条件的区域。

二值逻辑叠加是栅格叠加的一种表现方法，用 0 和 1 来表示假（不符合条件）与真（符合条件）。描述现实世界中的多种状态仅用二值远远不够，使用二值逻辑叠加往往需要建立多个二值图，然后进行各个图层的布尔逻辑运算，最后生成叠加结果图。符合条件的位置点或区域范围可以是栅格结构影像中的每一个像元，或者是四叉树结构影像中的每一个像块，也可以是矢量结构图中的每一个多边形。图层之间的布尔逻辑运算包括与（AND）、或（OR）、非（NOT）、异或（×OR）等，表 11-2 说明逻辑运算的法则与结果。

表 11-2　布尔逻辑运算示例

A	B	A AND B	A OR B	A NOT B	A×OR B
0	0	0	0	0	0
1	0	0	1	1	1
0	1	0	1	0	1
1	1	1	1	0	0

四、实验步骤

(一)建立缓冲区并添加信息

1. 在 ArcMap 中加载数据,打开 ArcToolbox,利用 Analysis Tools 中 Proximity 的 Buffer 工具,为 road. shp 建立宽度为 300m 的缓冲区,产生道路用地范围数据(如图 11-10)。

图 11-10　建立宽度为 300m 的缓冲区

2. 将生成的缓冲区数据与土地利用数据叠加(overlay→intersect),确定道路用地范围内需要占用的各类土地(如图 11-11)。

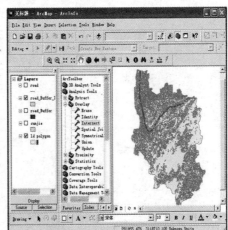

图 11-11　道路用地范围内需要占用的各类土地

3.将被占用土地与分村行政区数据叠加(overlay→identity),给多边形添加村的信息(如图 11-12)。

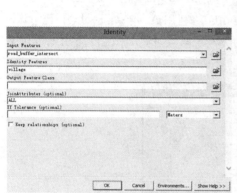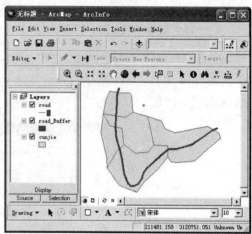

图 11-12　数据叠加

4.统计各村各类土地被占用的情况,并填表。

(二)制作道路用地图

根据以上数据制作道路用地图,要求该图能反映用地的类型及所在村的信息。

实验十二　网络分析

一、实验目的

加深对网络分析基本原理和方法的认识;熟练掌握 ArcGIS 网络分析的技术方法;提高结合实际、掌握利用网络分析方法解决地学空间问题的能力。

二、实验准备

1.软件准备:ArcGIS Desktop 9. x,且必须能够加载网络分析模块(执行菜单命令 Extension,在 Extensions 对话框中选中 Network Analyst,单击 OK,即装入 Network Analyst 空间分析扩展模块)。

2.数据准备:街道图层 s_fran、医院图层 hospital. shp、事件位置 del_loc. shp。

三、实验相关知识

对地理网络(如交通网络)、城市基础设施网络(如各种网线、电力线、电话线、供排水管线等)进行地理分析和模型化,是地理信息系统中网络分析功能的主要目的。网络分析是运筹学模型中的一个基本模型,它的根本目的是研究、筹划一项网络工程如何安排,并使其运行效果达到最好,如一定资源的最佳分配,从一地到另一地的运输费用最低等。其基本思想则在于人类活动总是趋于按一定目标,选择达到最佳效果的空间位置。这类问题在社会经济活动中不胜枚举,因此在地理信息系统中对此类问题的研究具有重要意义。

(一)网络数据结构

网络数据结构的基本组成部分和属性如下:

1.链(Link)。网络中流动的管线,如街道、河流、水管等,其状态属性包括阻力和需求。

2.结点(Node)。网络中链的结点,如港口、车站、电站等,其状态属性包括阻力和需求等。结点中又有下面几种特殊的类型。

(1)障碍(Barrier)，禁止网络中链上流动的点。

(2)拐点(Turn)，出现在网络链中的分割结点上，状态属性为有阻力，如拐弯的时间和限制(如在 8:00 到 18:00 不允许左拐)。

(3)中心(Center)，是接受或分配资源的位置，如水库、商业中心、电站等，其状态属性包括资源容量(如总量)、阻力限额(中心到链的最大距离或时间限制)。

(4)站点(Stop)，在路径选择中资源增减的结点，如库房、车站等，其状态属性为有资源需求，如产品数量。

(二)主要网络分析功能

1.路径分析。

(1)静态求最佳路径：在给定每条链上的属性后，求最佳路径。

(2)N 条最佳路径分析：确定起点或终点，求代价最小的 N 条路径，因为在实践中最佳路径的选择只是理想情况，由于种种因素实践中只能选择近似最优路径。

(3)最短路径或最低耗费路径：确定起点、终点和要经过的中间点、中间连线，求最短路径或最小耗费路径。

(4)动态最佳路径分析：实际网络中权值是随权值关系式变化的，可能还会临时出现一些障碍点，需要动态的计算最佳路径。

2.资源分配。资源分配也称定位与分配问题。在多数的应用中，需要解决在网络中选定几个供应中心，并将网络的各边和点分配给某一中心，使各中心所覆盖范围内每一点到中心的总加权距离最小，实际上包括定位与分配两个问题。定位是指已知需求源的分布，确定在哪里布设供应点最合适的问题；分配指的是已知供应点，确定其为哪些需求源提供服务的问题。定位与分配是常见的定位工具，也是网络设施布局、规划所需的一个优化分析工具。

(1)选址问题(定位问题)。选址功能涉及在某一指定区域内选择服务性设施的位置，如确定市郊商店区、消防站、工厂、飞机场、仓库等的最佳位置。网络分析中的选址问题，一般限定设施必须位于某个结点或位于某条网线上，或限定在若干候选地点中。选址问题种类繁多，实现的方法和技巧也多种多样，不同的 GIS 系统在这方面各有特色，主要原因是对"最佳位置"具有不同的解释(即用什么标准来衡量一个位置的优劣)，以及定位设施数量的要求不同。

(2)分配问题。分配问题在现实生活中体现为，设施的服务范围及其资源分配范围的确定等问题，资源分配能为城市中每一条街道上的学生确定最近的学校，为水库提供其供水区等。

资源分配是模拟资源如何在中心(学校、消防站、水库等)和周围的网线(街道、水路等)、结点(交叉路口、汽车中转站等)间流动的。在计算设施的服务范围及其资源的分配范围时,网络各元素的属性也会对资源的实际分配有很大影响。主要属性包括中心的供应量和最大阻值,网络边和网络结点的需求量及最大阻值等,有时也用到拐角的属性。根据中心容量及网线和结点的需求将网线和结点分配给中心,分配沿最佳路径进行。当网络元素被分配给某个中心时,该中心拥有的资源量就会依据网络元素的需求而缩减,当中心的资源耗尽,分配停止,用户可以通过赋给中心阻碍强度来控制分配的范围。

①确定中心服务范围。实际生活中,许多行业和部门都涉及利用服务设施提供相关服务的问题,常见的服务范围有:到服务设施或中心的最短距离不超过一定范围的覆盖区域,如一个供水站 50 km 以内的区域,是该供水站的供水区;到服务设施或中心的最短时间不超过一定限制的覆盖区域,如一个消防站 10 min 所能到达的范围是该消防站的服务范围。中心服务范围分析作为基本网络分析功能,为评价服务中心的位置及其通达性提供了有利的工具。

②确定中心资源分配范围。资源分配反映了现实世界网络中资源的供需关系,"供"代表一定数量的资源或货物,位于中心的设施中,"需"指对资源的利用。通常用地理网络中心模拟提供服务的设施,如学校、消防站,被服务的一方用网络边和网络结点模拟,如沿街道居住的学生等。供需关系导致在网络中必然存在资源的运输和流动,资源或者从供方送到需方,或者由需方到供方索取。供方和需方之间是多对多的关系,比如一个学生可以到许多学校去上学,多个电站可以为同一区域的多个客户提供服务等,都存在优化配置的问题。优选的目的在于:一方面,要求供方能够提供足够的资源给需方,例如,电站要有足够的电能提供给客户;另一方面,对于已建立供需关系的双方,要实现供需成本的最低化,例如,在学生从家到学校时间最短的情况下,确定哪个学生到哪个学校上学。

四、实验步骤

(一)寻找最佳路径

为邮递员设计最佳投递路线,该路线应是投递时的最短路线,同时选择最有效率的投递顺序。

1.打开 ArcMap,点击"＋"添加图层按钮,添加城市街道的网络线层面 S_fran和投递点层面 Del_loc。

2.执行菜单命令:Network→Find Best Route。

3.出现路径 Route1 对话框,点击按钮"Load Stops…",设置经停点图层为 Del_loc(如图 12-2)。

图 12-1　添加数据

图 12-2　设置经停点图层

4.单击 Property 按钮,在接下来出现的 Properties 对话框中,从 Cost Field 下拉列表中选择街道层面属性表中的一个字段作为开销字段,用来计算最佳路线,开销可以是穿过一段道路所需的平均时间或道路长度。从 Working Unit 下拉列表中选择工作单位,工作单位确定了该路线的总费用,在本例中选择 Meters(街道长度)作为开销字段,Meters 为工作单位(如图 12-3)。

图 12-3　选取开销字段

同时,视图中添加缺省名为"Route 1"的新图层来包含最佳路线。说明:在街道图层上指定投递起点(邮递员从邮局出发)及各个投递站点,可以采用两种方法选择访问站点:

(1)从工具栏中选择添加位置工具，在线图层上用鼠标直接点击,确定起点与各投递点。

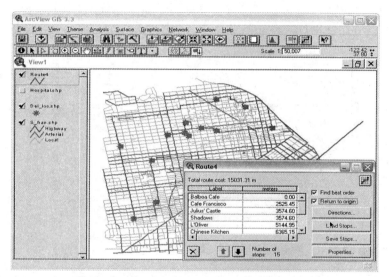

图 12-4　添加新图层来包含最佳路线

在 Route4 对话框中选择 Load Stop 按钮(如图 12-4),在 Load Stops 对话框中添加一个点图层作为站点位置。

(2)当指定站点后,他们被加入到 Route4 对话框中站点列表的 Label 栏中。列表中第一个站点是投递路线的起点,其他投递点将以其在列表中出现的次序被访问。若要改变访问次序,则选中站点,用箭头工具和在列表中移动它。按下按钮可删除站点(如图 12-5)。

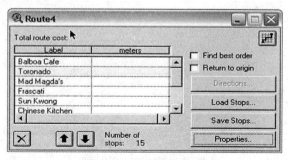

图 12-5　设定投递路线

（3）邮递员投递完毕之后须返回邮局，选中 Route4 对话框中的 Return to origin 复选框，保证路线的终点是邮局。选中 Find best order 复选框，得出最有效的投递顺序（如图 12-5）。

（4）单击 solve 按钮，计算投递的最短路线，其路线显示在 Route4 图层中。穿过该路线所需的距离显示在 Route4 对话框站点列表中的 Meters 栏中。

（5）在 Route4 对话框中，单击 Direction 按钮，可以发现在 Direction 对话框中对生成的最佳路线进行了详细说明。

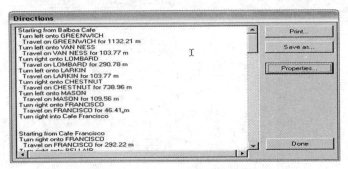

图 12-6　详细说明生成的最佳路线

（二）确定最近设施

例：120 应急处理系统，当有病人拨打 120 后，根据他所处的位置，寻找最近的医院。

1. 添加包含医院位置的点图层 Hospitals（服务设施）和城市街道的网络线图层 S_fran. shp，点击事件图层 Del_Loc. shp。

2. 激活街道图层 S_fran. shp。

3. 执行菜单命令 Network→Find Closest Facility，打开设施 Fac1 对话框。在视图目录表中添加缺省名为"Fac1"的新图层，来包含指定事件发生时到最近设施的最佳路线。

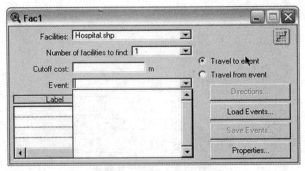

图 12-7　最佳路线的设置

4. 在Fac1对话框中单击Property按钮,出现Properties对话框,从街道图层的属性表中选择开销字段,本例中为Meters(距离),Network Analyst将根据此字段来查询最近设施;同时指定工作单位,本例中为meters(米),Network Analyst将根据此单位来计算通向最近设施所需的总开销,单击OK。

说明:在Fac1对话框中有以下几个选项:

(1)Facilities 在Facilities下拉列表中选择一个点图层作为设施图层,本例中为Hospitals。如果用选择工具 🔲 事先已选中了部分设施,则在解决问题时只需考虑被选中的设施;如果无任何设施被选中,则所有的设施都被考虑。

(2)Number of facilities to find 为在此框中确定要找出的最近设施的数目。

(3)Cutoff cost 为在此输入框中输入一个最远阀值,对最近设施的最远距离进行限制。如果不做限制,则此项为空白。其单位应与指定的工作单位一致。

(4)Event 是指定发生的事件。可采用Add Location工具 🔳 在线图层上直接点击,事件位置将以绿色的符号显示在视图上;也可用Load event按钮装入一个包含事件的点图层。如果采用 🔳 工具指定事件,事件的缺省名为"Graphic pick <n>",n是唯一的编号。在本例中,要求将事件设置为图层Del_loc.shp

(5)Travel to event / Travel from event 是指定路线的行进方向,Travel to event 表示路线方向从设施到事件;Travel from event 表示路线方向从事件到设施。

5. 单击solve按钮 🔳 ,找出最近的医院,并显示最佳路线。最近设施的名称显示在Fac1的Label栏中,其距事件的距离显示在meters栏中(如图12-8)。

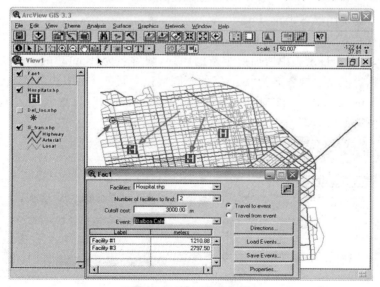

图12-8　显示最佳路线

(三)创建服务区域

创建服务区时,必须指定行进方向,从某地点到周围地区或从周围地区到某地点。因为交通方式、行驶速度、单行线及禁止转弯等因素的影响,路线行进方向不同,服务区域将会不同。

Network Analyst 可建立两种服务区域:一般服务区 General area 和紧凑服务区 Compact area。一般服务区比紧凑服务区稍大,边界较为光滑,一般服务区可能会与行进时间或距离确定范围之外的几个街道相叠;紧凑服务区即指服务网络覆盖的区域,通常有参差不齐的边界,它与区域外的街道交错较少,但可能漏掉一些应在服务区内的位置。

在特殊情况下,例如:当线图层中的某些线特征横跨另一些线特征(如立交桥)时,Network Analyst 将提示不能生成紧凑服务区,而生成一个一般服务区。

Network Analyst 可创建包含多个地区的服务区和服务网络,如对上面提到的零售店,可创建 1 km 范围内、1～2 km、2～3 km 范围内的服务区域,外部的区域为环状,不包括内部的区域。

1. 打开街道线图层 S_fran. shp 和点图层 Hospital. shp,设置视图属性。

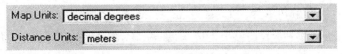

图 12-9　视图属性设置

2. 激活街道图层 S_fan. shp。

3. 执行菜单命令 Network→Find Service Area,打开 Sarea2 and Snet2 对话框。这时,在视图目录表中增加两个新的图层,缺省名为"Snet2"的新图层包含服务区内的街道网络。缺省名为"Sara2"的新图层包含服务区的多边形区域。

4. 在 Sarea2 and Snet2 对话框中按下"Load Sites…",设置服务设施图层为 hospital(如图 12-10)。

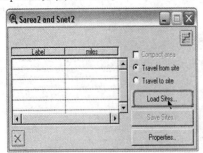

图 12-10　设置服务设施图层

5. 在 Sarea2 and Snet2 对话框中按下"Property 按钮",在 Properties 对话框中定义费用字段 Meters(距离)和工作单位 meters。

6. 双击地点列表中的费用字段 Meters,删除缺省值,键入行进距离 1000 m,并确保它的单位和工作单位一致,从而指定服务区域和网络的范围(如图 12-11)。

如果想为一个地点指定多个时间或距离,例如:距零售店 500～1000 m 的服务区,可分别键入 500 和 1000,并用空格或逗号分开。

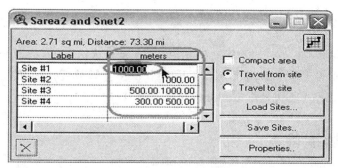

图 12-11　行进距离设置

说明:(1)选中 Compact Area 复选框,可创建一个紧凑的服务区,否则,将生成一般意义的服务区域。(2)选择 Travel from site 选项,表示行进方向从地点到服务区,Travel to site 表示行进方向从服务区到地点(如图 12-10)。

7. 单击 solve 按钮，生成服务区和网络。服务区包含在 Sarea2 图层中,服务网络包含在 Snet2 图层中。

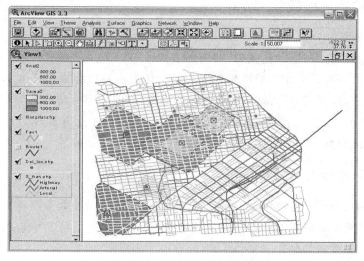

图 12-12　服务区和网络生成

实验十三　地形表面空间分析

一、实验目的

通过本实验,加深对 TIN 建立过程原理、方法的认识;熟练掌握 ArcGIS 中建立 DEM、TIN 的技术方法;掌握根据 DEM 或 TIN 计算坡度、坡向的方法;结合实际,掌握应用 DEM 解决地学空间分析问题的能力。

二、实验准备

1.软件准备:ArcGIS Desktop 9.x,并且能激活 3D 分析模块。

2.数据准备:矢量图层高程点 Elevpt_Clip.shp,高程 Elev_Clip.shp,边界 Boundary.shp,洱海 Erhai.shp。

三、实验相关知识

(一)数字高程模型

数字高程模型(Digital Elevation Model,简称 DEM)是通过有限的地形高程数据实现对地形曲面的数字化模拟(即地形表面形态的数字化表示),它是对二维地理空间上,具有连续变化特征地理现象的模型化表达和过程模拟。由于高程数据常常采用绝对高程(即从大地水准面起算的高度),DEM 也常常称为 DTM(Digital Terrain Model)。"Terrain"一词的含义比较广泛,不同专业背景对"Terrain"的理解也不一样,因此 DTM 趋向于表达比 DEM 更为广泛的内容。

(二)数字地形分析

数字地形分析(Digital Terrain Analysis, DTA),是指在数字高程模型上进行地形属性计算和特征提取的数字信息处理技术。DTA 技术是各种与地形因素相关的空间模拟技术基础。

地形属性根据地形要素的关系特征和计算特征,可以归纳为地形曲面参数

(parameters)、地形形态特征(features)、地形统计特征(statistics)和复合地形属性(compound attributes)。地形曲面参数具有明确的数学表达式和物理定义,并可在 DEM 上直接量算,如坡度、坡向、曲率等。地形形态特征是地表形态和特征的定性表达,可以在 DEM 上直接提取,其特点是定义明确,但边界条件有一定的模糊性,难以用数学表达式表达,如在实际流域单元的划分中,往往难以确定流域的边界。地形统计特征是指,给定地表区域的统计学上的特征。复合地形属性是在地形曲面参数和地形形态特征的基础上,利用应用学科(如水文学、地貌学和土壤学)的应用模型而建立的环境变量,通常以指数形式表达。

数字地形分析的主要内容有两方面,一是在复杂的现实世界地理过程中,找到各影响因子和简单、高效、精确、易于理解的抽象图形与计算机实现中的平衡。简单地说,就是提取描述地形属性和特征的因子,并利用各种相关技术分析解释地貌形态、划分地貌形态等。二是 DTM 的可视化分析。数字地形分析中,可视化分析的重点在于通过地形特征的可视化表达和信息增强,以帮助传达地形曲面参数、地表形态特征和复合地形属性的信息。

1.基本因子分析。本质上讲,DEM 是地形的一个数学模型,可以看成是一个或多个函数的集合。实际上许多地形因子就是通过对这些函数进行一阶或二阶推导出来的,也有的通过某种组合或复合运算得到。基本地形因子包括斜坡因子(坡度、坡向、坡度变化率、坡向变化率等)、面积因子(表面积、投影面积、剖面积)、体积因子(山体体积、挖填体积)和面元因子(相对高差、粗糙度、凹凸系数、高程变异等)。

(1)坡度。严格地讲,地表面任一点的坡度,是指过该点的切平面与水平地面的夹角。坡度表示地表面在该点的倾斜程度,在数值上等于过该点地表微分单元的法矢量与 z 轴的夹角。地面坡度实质是一个微分的概念,地面上每一点都有坡度,它是一个微分点上的概念,是地表曲面函数 $z=f(x,y)$ 在东西、南北方向上高程变化率的函数。实际应用中,坡度有两种表示方式:一种方式为坡度(degree of slope),即水平面与地形面之间夹角;另一种方式为坡度百分比(percent slope),即高程增量(rise)与水平增量(run)之间的百分数。

(2)坡向。坡向定义为:地表面上任意一点切平面的法线矢量在水平面的投影与过该点正北方向的夹角。对于地面任何一点来说,坡向表征了该点高程值改变量的最大变化方向。在输出的坡向数据中,坡向值有如下规定:正北方向为 $0°$,顺时针方向计算,取值范围为 $0\sim360°$。坡向可在 DEM 数据中直接提取。

(3)曲率。曲率是对地形表面任意一点扭曲变化程度的定量化度量因子,地面曲率在垂直和水平两个方向上的分量,分别称为平面曲率和剖面曲率。地形表面曲率反映了地形结构和形态,同时也影响着土壤有机物含量的分布,在地表过程模拟水文、土壤等领域有着重要的应用价值和意义。剖面曲率是地面上任意一点地表坡度的变化率,或称为高程变化的二次导数。剖面曲率可以反映局部地形结构,在地表过程模拟、水土保持等领域有重要的应用价值。

曲率因子提取算法的基本原理为:在 DEM 数据的基础上,根据其离散的高程数值,把地表模拟成一个连续的曲面,从微分几何的思想出发,模拟曲面上每一点垂直于和平行于水平面的曲线,利用曲线曲率的求算方法,推导得出各个曲率因子的计算公式。利用公式求算出每一点曲率值的关键在于确定得出式中各个参量的值,在 DEM 中求算高程微分分量有一套独特的算法,最常用的是三阶反距离平方权差分。

2.宏观地形因子。地形起伏度、地形表面粗糙度与地表切割深度等地形因子,是描述和反映地形表面较大区域内地形的宏观特征,在较小的区域内并不具备任何地理和应用意义。这些参数对于在宏观尺度上的水土保持、土壤侵蚀特征、地表发育、地貌分类等研究具有重要的理论意义。基于栅格 DEM 计算宏观地形因子时,关键在于确定分析半径的大小。不同地貌类型、不同分辨率的数据,计算宏观地形因子所取的分析半径大小不一。因此,确定一个合适的分析窗口半径或分析区域,使得求取的宏观因子能够准确反映地面的起伏状况与水土流失特征,这是提取算法的核心步骤和决定信息提取效果与有效性的关键。

(1)地形起伏度。地形起伏度是指所指定的分析区域内,所有栅格中最大高程与最小高程的差。地形起伏是反映地形起伏的宏观地形因子,在区域性研究中,利用 DEM 数据提取地形起伏度,能够直观地反映地形起伏特征。在水土流失研究中,地形起伏度指标能够反映水土流失类型区的土壤侵蚀特征,比较适合区域水土流失评价的地形指标。

(2)地表粗糙度。地表粗糙度,一般定义为地表单元的曲面面积与其在水平面上的投影面积之比。地表粗糙度能够反映地形的起伏变化和地表侵蚀程度的宏观地形因子。在区域性研究中,地表粗糙度是衡量地表侵蚀程度的重要量化指标,在研究水土保持及环境监测时也有很重要的意义。

(3)地表切割深度。地表切割深度是指地面某点邻域范围的平均高程与该邻域范围内最小高程的差值。地表切割深度直观地反映了地表被侵蚀切割的情况,并对这一地学现象进行了量化,是研究水土流失及地表侵蚀发育状况的重要参考指标,其提取算法可参照地表起伏度的提取。

四、实验步骤

(一)TIN 及 DEM 生成

1.由高程点、等高线矢量数据生成 TIN 并转为 DEM。

（1）添加矢量数据：Elevpt_Clip、Elev_Clip、Boundary、Erhai（同时选中方法为在点击的同时按住 Shift 键）。

（2）激活"3D Analyst"扩展模块（执行菜单命令"工具"→"扩展"，在出现的对话框中选中 3D 分析模块），在工具栏空白区域点击鼠标右键打开"3D 分析"工具栏。

（3）执行工具栏"3D 分析"中的菜单命令"3D 分析"→"创建/修改 TIN"→"从要素生成 TIN"。

（4）在对话框"从要素生成 TIN"中定义每个图层的数据使用方式，如图 13-1所示。

在"从要素生成 TIN"对话框中，对需要参与构造 TIN 的图层打钩，指定每个图层中的一个字段作为高度源（Height Source），设定三角网的特征框内输入（Input as）方式。可以选定某一个值的字段作为属性信息（也可以为 None）。在这里指定图层"ErHai"的参数"三角网作为"硬替换，其他图层参数使用默认值即可。

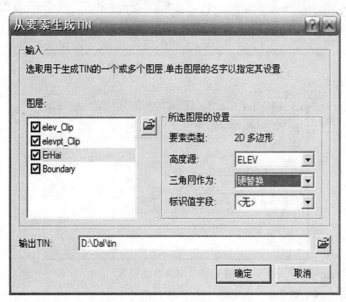

图 13-1 要素生成 TIN

（5）确定生成文件的名称及其路径，生成新的图层 tin，在 TOC（内容列表）中关闭除"TIN"和"Erhai"之外的其他图层显示，设置 TIN 的图层（符号）得到如图 13-2 的效果。

（6）执行工具栏"3D 分析"中的命令"转换"→"TIN 转换到栅格"。指定相关参数：属性为"高程"，像素大小为"50"，输出栅格的位置和名称为"TinGrid"（如图 13-3）。

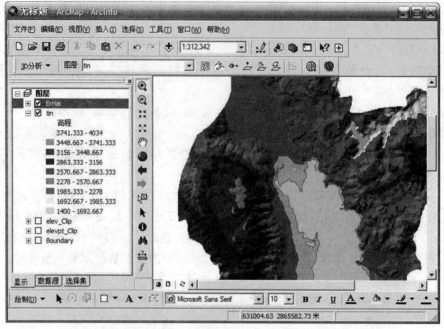

图 13-2　TIN 的图层符号化显示

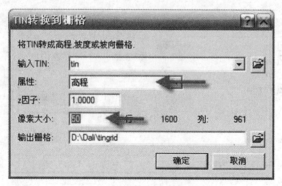

图 13-3　相关参数设置

确定后得到 DEM 数据 TinGrid,其中每个栅格单元表示 50m×50m 的区域。

2.TIN 的显示及应用。

(1)在上一步操作的基础上进行,关闭除 TIN 之外的所有图层显示,编辑图层 TIN 的属性,在图层属性对话框中,点击"符号"选项页,将"边类型"和"高程"前面检查框中的钩去掉。点击"添加"按钮(如图 13-5)。

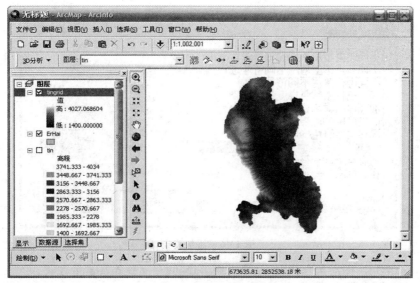

图 13-4　DEM 数据

图 13-5　设置图层属性

(2)在"添加渲染"对话框中,将"所有边用同一符号进行渲染"和"所有点用同一符号进行渲染"这两项添加至 TIN 的显示列表中(如图 13-6)。

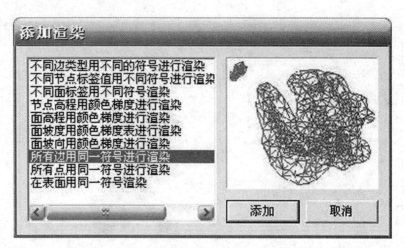

图 13-6　添加渲染

(3)将 TIN 图层局部放大,认真理解 TIN 的存储模式及显示方式。

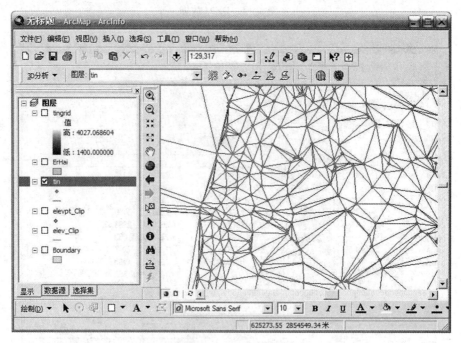

图 13-7　TIN 显示

(4)将 TIN 转换为坡度多边形。新建地图文档,加载图层 TIN,参考上一步操作,将"面坡度用颜色梯度表进行渲染"和"面坡向用颜色梯度进行渲染"这两项添加到 TIN 的显示列表中(如图 13-8)。

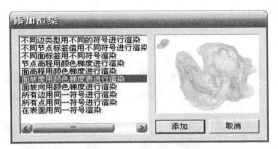

图 13-8　添加渲染

选中 Slope，点击"分类"按钮，在图 13-9 的对框中，将"类"指定为 5，然后在"间隔值"列表中输入间隔值 8、15、25、35、90，如图 13-9 所示。

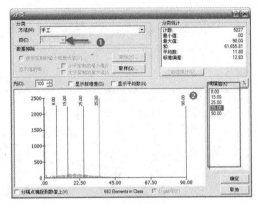

图 13-9　坡度分类

点击两次"确定"后关闭图层属性对话框，图层 TIN 将根据指定的渲染方式进行渲染，效果如图 13-10 所示。

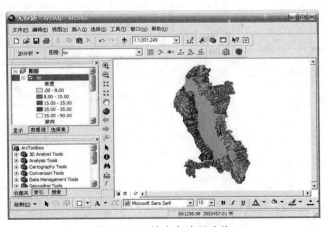

图 13-10　坡度多边形渲染

执行"3D 分析"工具栏中的命令转换→TIN 转换成矢量,按图 13-11 所示指定各参数。

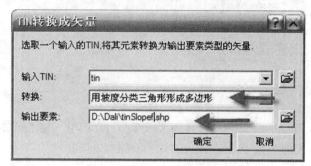

图 13-11   TIN 转换到矢量

得到多边形图层 tinSlopef,它表示研究区内各类坡度的分布状况,结果是矢量格式,打开其属性表可以看到属性 SlopeCode 为数值 1,2,3,4,5(如图 13-12)。

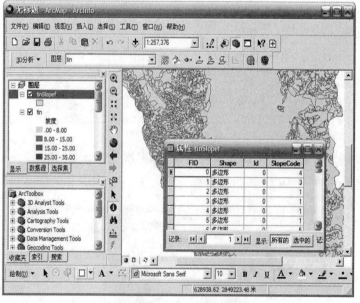

图 13-12   矢量属性

查看矢量图层 tinSlopef 中的要素属性表,其中属性 SlopeCode 1,2,3,4,5 分别表示坡度范围(0−8)(8−15)(15−25)(25−35)(>35)。

(5)Eliminate 合并破碎多边形。新建地图文档,加载坡度多边形图层 tinSlopef,打开 tinSlopef 的属性表,添加一个字段 Area(类型为 Double),通过"计算值"操作,计算各个多边形的面积(如图 13-13)。

图 13-13　添加字段并计算面积

如图 13-13 所示，选中高级，输入 VBA 代码到 Pre-Logic VBA Script Code，在"Area＝"下的输入框中输入变量"dblArea"。以下操作将会把面积小于 10000 m^2 的多边形合并到周围与之有最长公共边的多边形中。

图 13-14　通过属性选择

执行菜单命令选择→通过属性选择，查询"Area"≤10000 m^2 的图斑（如图 13-14）。

图 13-15　"Area"≤10000 m² 的图斑显示

如图 13-15 所示,被选中的多边形以高亮方式显示,这些小的图斑将会被合并到与之相邻且有最大公共边的多边形中。当然也可以选择合并到相邻的面积最大的多边形中。

打开 Arctoolbox,执行"消除"命令,指定输入图层 tinSlopef,输出要素类为 TinSlopef_Elminate. shp(如图 13-16)。

图 13-16　输出消除要素

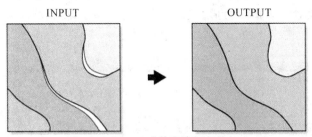

Eliminate：合并破碎多边形
——BORDERS TO BE ELIMINATED
□ SLIVER POLYGONS

图 13-17 合并破碎多边形

将地图适当放大，比较原始图层 tinSlopef 与合并后的图层 tinSlopef_Elimi-nate。如图 13-19 为合并后的多边形，选中的多边形（面积≤10000 m²）被合并到与之相邻的面积最大的多边形中。

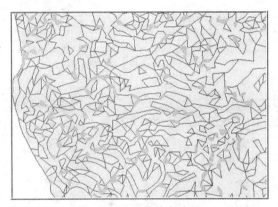

图 13-18 原始的多边形

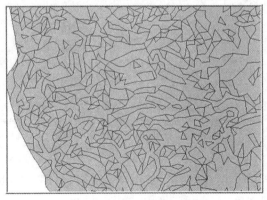

图 13-19 合并后的多边形

（6）TIN 转换为坡向多边形。参照上面的第（4）步，得到坡向多边形图层（如图 13-20）。

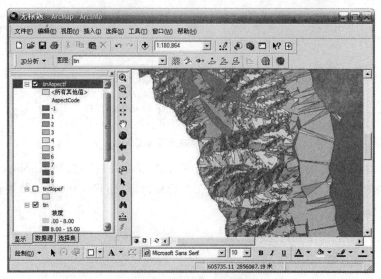

图 13-20　坡向多边形图层

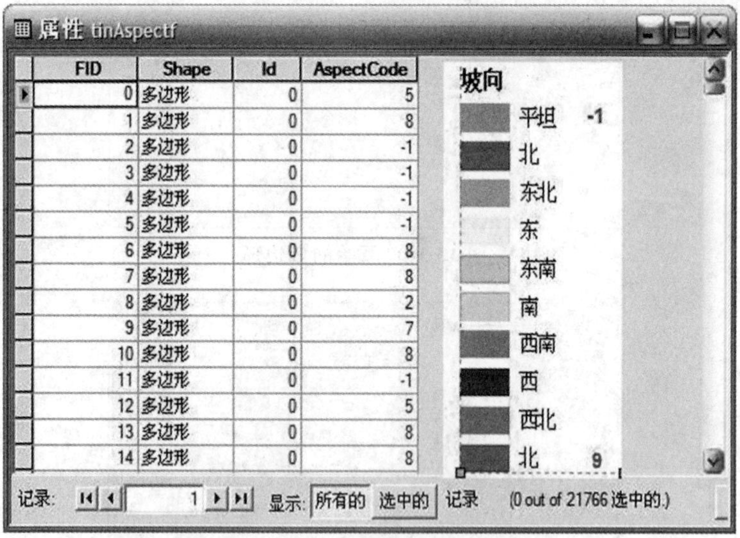

FID	Shape	Id	AspectCode
0	多边形	0	5
1	多边形	0	8
2	多边形	0	-1
3	多边形	0	-1
4	多边形	0	-1
5	多边形	0	-1
6	多边形	0	8
7	多边形	0	8
8	多边形	0	2
9	多边形	0	7
10	多边形	0	8
11	多边形	0	-1
12	多边形	0	5
13	多边形	0	8
14	多边形	0	8

坡向
平坦　-1
北
东北
东
东南
南
西南
西
西北
北　9

记录：1　显示：所有的　选中的　记录　（0 out of 21766 选中的。）

图 13-21　坡向多边形属性表格

得到坡向多边形属性 AspectCode 的数值（-1,1,2,3,4,5,6,7,8,9）分别表示当前图斑的坡向（平坦、北、东北、东、东南、南、西南、西、西北、北）。其中 1、9 是相同的，可以合并为 1。

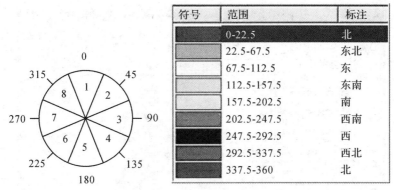

符号	范围	标注
	0-22.5	北
	22.5-67.5	东北
	67.5-112.5	东
	112.5-157.5	东南
	157.5-202.5	南
	202.5-247.5	西南
	247.5-292.5	西
	292.5-337.5	西北
	337.5-360	北

图 13-22 AspectCode 的数值表示坡向

(二)DEM 的应用

1. 坡度:Slope。

(1)新建地图文档,加载前面得到的 DEM 数据 tingrid。

(2)加载 3D 分析扩展模块,打开"3D 分析"工具栏,执行菜单命令"3D 分析"→表面分析→坡度,参照图 13-23 所示,指定各参数。

图 13-23 设定坡度参数

(3)得到坡度栅格 slope of tingrid。坡度栅格图中,栅格单元的值在 0～90 度之间变化。

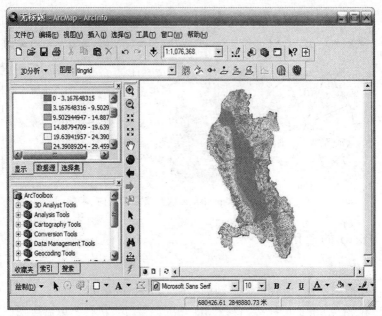

图 13-24 坡度栅格图

(4)鼠标右键点击图层 Slope of tingrid,执行"属性命令",设置图层"符号",重新调整坡度分级。

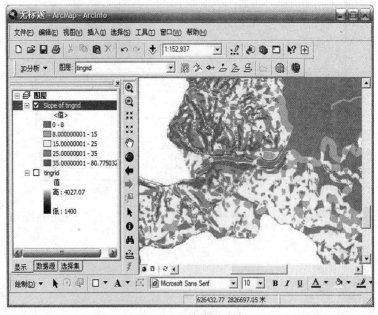

图 13-25 坡度重分类

计算剖面曲率：执行菜单命令"3D 分析"→表面分析→坡度。按图 13-26 所示，指定各参数。

（5）得到剖面曲率栅格 Slope of Slope of tingrid。

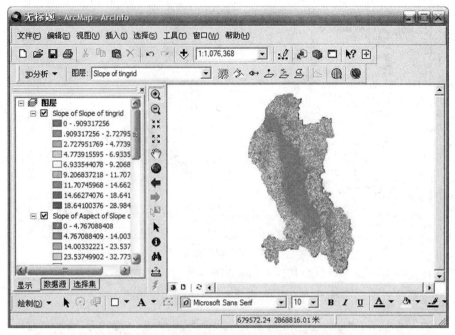

图 13-26　剖面曲率栅格

2. 坡向：Aspect。

（1）在上一步的基础上进行，关闭 Slope of tingrid 的显示。

（2）执行菜单命令"3D 分析"→表面分析→坡向，按图 13-27 所示，指定各参数。

图 13-27　坡向参数设置

（3）得到坡向栅格 Aspect of tingrid（如图 13-28）。

图 13-28　坡向栅格

（4）执行菜单命令"3D 分析"→表面分析→坡度，设定各参数。

（5）生成平面曲率栅格 Slope of Aspect of tingrid（如图 13-29）。

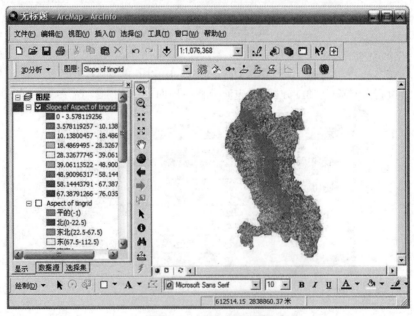

图 13-29　平面曲率栅格

3.提取等高线。

(1)新建地图文档,加载 DEM 数据 tingrid。

注:在执行以下操作时,需确保 3D 分析扩展模块已激活。

图 13-30 启动 Raster Surface 中的等高线

图 13-31 指定各参数

(2)生成等高线矢量图层 Contour_tingrid(如图 13-32)。

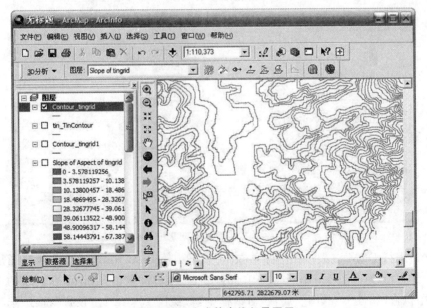

图 13-32 生成等高线矢量图层

4.计算地形表面的阴影图。

(1)在上一步基础上进行,打开"3D 分析"工具栏。

（2）执行菜单命令"3D 分析"→表面分析→山影，按图 13-33 所示指定各参数。

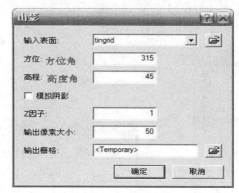

图 13-33 设定各参数

（3）生成地表阴影栅格 Hillshade of tinGrid（如图 13-34）。

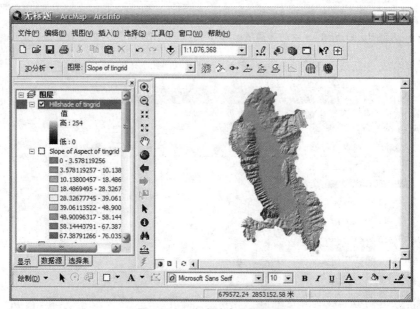

图 13-34 生成地表阴影栅格

（4）进行 DEM 渲染。关闭除 tingrid 和 Hillshade of tingrid 以外所有图层的显示，并将 tingrid 置于 Hillshade of tingrid 之上，右键点击 tingrid，在出现的右键菜单中执行"属性"，在"图层属性"对话框中，参照图 13-35 所示设置"符号"选项页中的颜色。

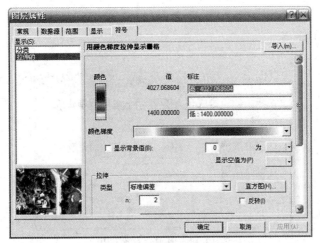

图 13-35 图层属性设置

打开工具栏"效果",如图 13-36 所示,设置栅格图层 tingrid 的透明度为 40%左右。

图 13-36 DEM 渲染效果

5.可视性分析。

(1)通视性分析。

①在上一步的基础上进行,打开"3D 分析"工具栏,从工具栏中选择通视线 (Line of Sight)工具(如图 13-37)。

图 13-37 通视线(Line of Sight)工具

②在出现的通视线(Line of Sight)对话框中输入"观察者偏移量"和"目标偏移量",即距地面的距离。

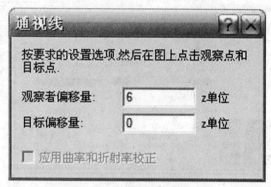

图 13-38　通视线参数设置

在地图显示区中,从某点 A 沿不同方向绘制多条直线,可以得到观察点 A 到不同目标点的通视性:绿色线段表示可视部分,红色线段表示不可见部分(如图 13-39)。

图 13-39　观察点到不同目标点的通视性

(2)可视区分析:移动发射基站信号覆盖分析。

①在上一步基础上进行,在内容列表区 TOC 中关闭除 tingrid 之外的所有图层,加载移动基站数据——矢量图层"移动基站.shp"。

②在"3D 分析"工具栏中,执行菜单命令"3D 分析"→表面分析→视域,按图13-40所示指定各参数。

图 13-40 视域参数的设置

③生成可视区栅格"Viewshed of 移动基站"。其中绿色表示现有发射基站信号已覆盖的区域,淡红色表示无法接收到手机信号的区域。

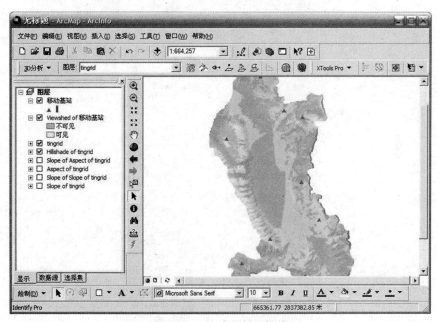

图 13-41 生成可视区栅格

■ 第五部分

空间数据的可视化与地图制图

实验十四　GIS 专题地图制图

一、实验目的

掌握 ArcMap 下各种渲染方式的使用方法,通过渲染方式的应用将地图属性信息以直观的方式表现为专题地图;使用 ArcMap Layout(布局)界面,熟悉制作专题地图的基本操作;了解如何将各种地图元素添加到地图版面中生成美观的地图设计。

二、实验准备

1. 软件准备:ArcGIS Desktop(ArcMap)。
2. 数据准备:图层省会城市、地级市驻地、主要公路、国界线、省级行政区、Hill-shade_10k。

三、实验相关内容

可视化(visualization)是指将人类对于客观对象的认知,通过视觉、以可见的方式进行表达或模拟,从而便于人类理解客观现象、发现客观规律和传播知识。

空间数据可视化是指运用计算机图形学和图像处理技术、地图学,将复杂的科学现象和自然景观及一些抽象概念图形化,对其在信息输入、处理、查询、分析及预测中产生的数据结果,以图形符号、图形、图像的形式表示出来,同时结合图表、文字、表格、视频、动画等与可视化形式进行交互处理的理论、方法或技术。

(一)空间数据的可视化特点

1. 交互性。通过交互性,使用户进入事件的发展之中,并得到可视化结果。
2. 信息载体的多维性。实现空间信息的可视化需要用多媒体表达方式。
3. 信息表达的动态性。实现空间信息的可视化可以描述空间信息的动态变化。

(二)空间数据的可视化表达

空间数据的可视化表达,就是将科学计算中产生的大量非直观的、抽象的或者不可见的数据,借助计算机图形学和图像处理等技术,以图形图像信息的形式,直观、形象地表达出来,并进行交互处理。

1.矢量数据。

(1)矢量数据表达。矢量数据是通过将地理现象或事物抽象为点、线、面要素等,以符号化的方式来表达。符号化是根据数据的属性特征、地图的用途、制图比例尺等因素确定地图要素的表示方法。

①点状要素通过点状符号的形状、色彩、大小等,表示地理现象或事物的不同类型或不同等级(如图 14-1)。

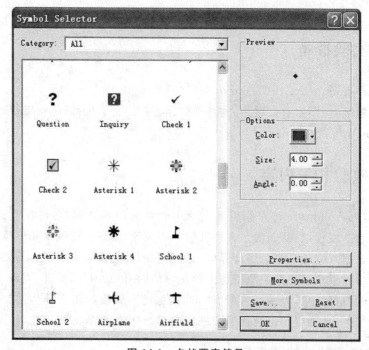

图 14-1 点状要素符号

②线状要素通过线状符号的线划类型、粗细、色彩等,表示地理现象或事物不同的类型或不同的等级(如图 14-2)。

③面状要素通过不同的面状图案或色彩,包括色彩色度、亮度、饱和度的差别,来表示地理现象或事物不同的类型或不同的等级(如图 14-3)。

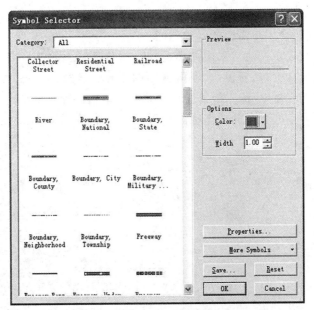

图 14-2 线状要素符号

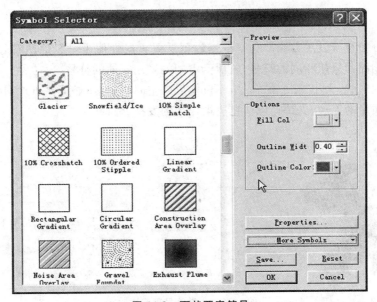

图 14-3 面状要素符号

(2)矢量数据符号化。无论点状、线状还是面状要素都可以根据要素的属性特征采取单一符号(Single Symbol)、分类符号(Unique Symbol)、分级符号(Graduated Symbol)、分级色彩(Graduated Color)、比率符号(Proportion Symbol)、组合符号(Multivariate Symbol)、统计图形(Statistical Charts)等多种表示方法实现数据的符号化,编制符合用户需要的各种地图。

①单一符号表示方法。采用大小、形状、颜色都统一的符号来表达制图要素,而不管要素本身在数量、质量、大小等方面的差异。显然,单一符号表示方法不能反映制图要素的定量差异,只能反映制图要素的地理位置。正是由于这个特点,它在表达制图要素空间分布的规律特性方面,具有其他表示方法无可比拟的优势。

图 14-4　单一符号表示方法

②分类符号表示方法。它是根据数据层要素属性值来设置地图符号的方式,属性值相同的采用相同的符号,属性值不同的采用不同的符号。

不同形状、大小、颜色的符号,不仅能反映空间位置,还能反映出地图要素的数量或者质量的差异,支持地理信息决策作用的发挥。

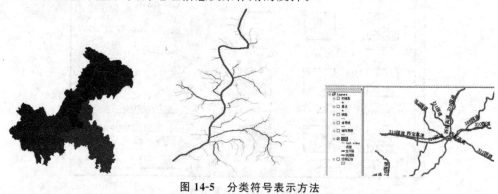

图 14-5　分类符号表示方法

③分级色彩表示方法。将要素属性数值按照一定的分级方法分成若干级别之后,用不同的颜色来表示不同级别。每个级别用来表示数值的一个范围,从而可以明确反映制图要素的定量差异。

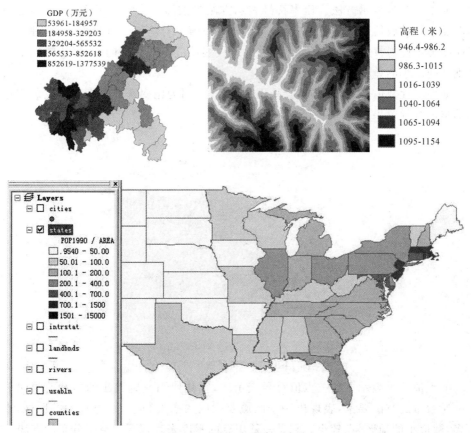

图 14-6 分级色彩表示方法

④分级符号表示方法。将要素按照一定的分级方法分为若干级别,然后用不同的符号表示不同的级别。符号的形状往往根据制图要素的特征来确定,而符号的大小则取决于分级数值的大小或级别的高低。分级符号一般用于表示点状和线状要素,诸如城镇人口分级图、商业销售分级图、道路等级分布图等。

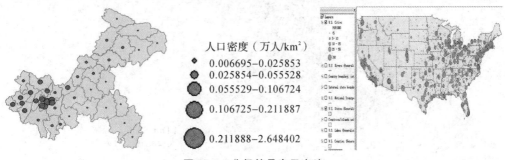

图 14-7 分级符号表示方法

⑤比率符号表示方法。比率符号表示方法是按照一定的比率关系,来确定与制图要素属性数值对应的符号大小,一个属性数值只对应一个符号大小,这种一一对应的关系使得符号设置表现得更细致,不仅能反应不同级别的差异,也能反映同级别之间微小的差异。

如果属性数值过大,则不适合采用此种方法,因为比率符号过大会严重影响地图的整体视觉效果。

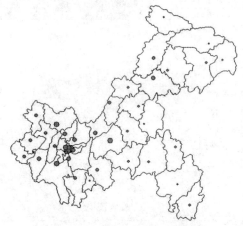

图 14-8　比率符号表示方法

⑥点值符号表示方法。点值符号表示法,就是使用一定大小的点状符号来表示一定数量的制图要素,表现出一个区域范围内的密度数值,数值较大的区域,点较多,数值小的地区,点较小。它是一种用点的密度来表现要素空间分布的方法。

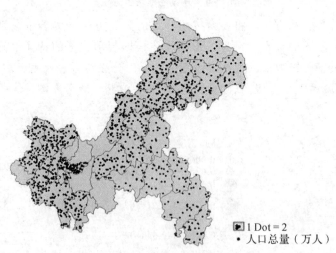

1 Dot = 2
• 人口总量（万人）

图 14-9　点值符号表示方法

⑦统计符号表示方法。用于表示制图要素的多项属性。常用的统计图有饼状图、柱状图、累计柱状图等。饼状图主要用于表示制图要素的整体属性与组成部分之间的比例关系；柱状图常用于表示两项制图要素可比较的属性或者是变化趋势；累计柱状图既可以表示相互关系与比例，也可以表示相互比较与趋势。

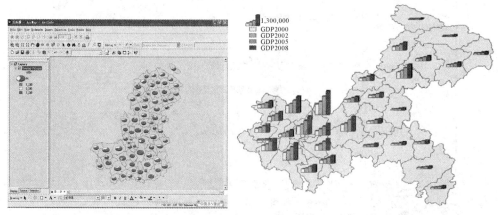

图 14-10　统计符号表示方法

2.栅格数据。

(1)栅格数据表达。栅格数据是以规则的像元阵列来表示空间地物或现象分布的数据结构，其阵列中的每个数据表示地物或现象的属性特征。栅格数据的表达是用每个像元的行列号确定位置，用每个像元的值表示实体类型、等级等属性编码。点实体：表示为一个像元。线实体：表示为在一定方向上连接成串的相邻像元的集合。面实体：表示为聚集在一起的相邻像元集合。

(2)栅格数据符号化。

①分类符号表示方法。栅格数据分类是利用不同颜色表示不同的专题。

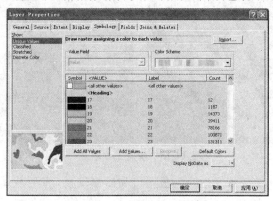

图 14-11　分类符号表示方法

②分级符号表示方法。栅格数据的分级多用于制作地势图、植被指数图、地下水位图等。

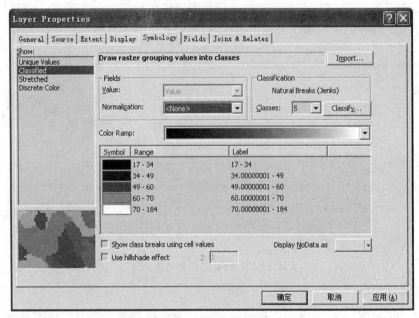

图 14-12　分级符号表示方法

（三）空间数据的三维表达

1. 视觉三维表达。根据太阳方位角、太阳高度角参数,计算地表每个面由于接收的光照强度不同所形成的灰度表面,在视觉上有较好的立体感。

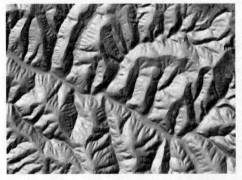

图 14-13　视觉三维表达

2. ArcSence 三维场景表达。矢量图层和栅格图层,主要从属性表中某个字段获取高度信息,从而计算适当的垂直拉伸因子,用三维表达场景。

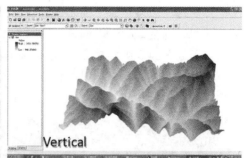

图 14-14 三维场景表达

(四)空间数据可视化的工具及输出形式

目前,空间数据可视化的工具有很多,但最主要的工具有以下几种:传统地图制图软件、三维模型制图软件、空间数据库系统用户界面、地理信息系统软件、多媒体地图系统、虚拟现实。空间数据可视化的输出形式,是指由系统处理、分析可以直接供研究、规划和决策人员使用的产品,其形式有地图、图像、统计图表,以及各种格式的数字产品等。

1.地图。地图是空间实体的符号化模型,是地理信息系统产品的主要表现形式,根据地理实体的空间形态,常用的地图种类有点位符号图、线状符号图、面状符号图、等值线图、三维立体图、晕渲图等。点位符号图在点状实体或面状实体中心,以制图符号表示实体质量特征;线状符号图采用线状符号表示线状实体的特征;面状符号图在面状区域内用填充模式,表示区域的类别及数量差异;等值线图是将曲面上等值的点以线连接起来表示曲面的形态;三维立体图采用透视变换产生透视投影,使读者对地物产生深度感并表示三维曲面的起伏;晕渲图以地物对光线反射产生的明暗使读者对二维表面产生起伏感,从而达到表示立体形态的目的。

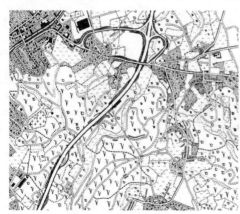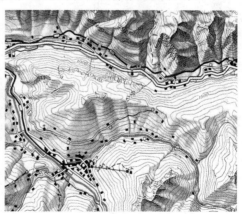

图 14-15 普通地图   图 14-16 晕渲地形图

2.图像。图像也是空间实体的一种模型,它不采用符号化的方法,而是采用人的直观视觉变量(如灰度、颜色、模式)表示各空间位置实体的质量特征。它一般将空间范围划分为规则的单元,然后再根据已确定的几何规则图像平面的相应位置,用直观视觉变量表示该单元的特征,图 14-17、14-18 为由喷墨打印机输出的正射影像地图和三维模拟建筑图。

　　图 14-17　正射影像地图　　　　　　**图 14-18　三维模拟建筑图**

3.统计图表。非空间信息可采用统计图表表示。统计图将实体的特征,实体间与空间无关的相互关系以图形表示,它将实体之间与空间无关的信息传递给使用者,使使用者对这些信息有全面、直观的了解。统计图常用的形式有柱状图、扇形图、直方图、折线图和散点图等。统计表格将数据直接显示在图表中,使读者可直接看到具体数据值(见图 14-19)。

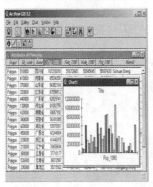
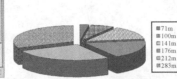
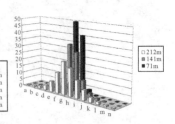

　　　　　　　　　图 14-19　统计图表

4.地图制图。在地理信息系统中,地图被认为是按照一定的数学法则,将地球(或星体)表面上的空间数据,经概括综合,缩小表达在一定载体上的图形模型,是传递空间地理环境信息的工具,能反映各种自然和社会现象的多维信息,展现空间的分布、组合、联系和制约,及其在时空中的变化与发展。

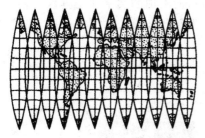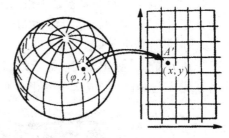

图 14-20 地图制图的基本要素

凡具有空间分布的物体或现象,都可以用地图的形式来表示,因而出现了种类繁多、形式各异的地图。所有的地图都由以下要素构成:注记、专题要素及背景要素的文字注记、比例尺、坐标、图廓等。将其内容归结起来,主要有数学基础、地理要素和整饰要素等。

(1)数学基础。地图制图的数学基础主要是地理坐标网、控制点、比例尺、定向指标线等。

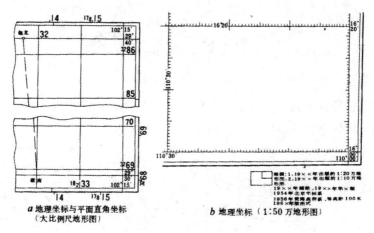

a 地理坐标与平面直角坐标 （大比例尺地形图）　　b 地理坐标（1:50万地形图）

图 14-21 数学基础

(2)地理要素。

①自然地理要素。自然地理要素涵盖区域地理景观和自然条件的各要素,如水系、地貌、土质植被、地质、地球物理、气象气候、土壤、动物、自然灾害现象等。

②社会经济要素。社会经济要素指由人类社会活动所形成的经济、文化,以及与此相关的各种社会现象,如居民地、交通线、行政境界线、人口、政治、军事、企事

业单位、工农业产值、商贸、通讯线、电力线、输送管道、堤防、城池、环境污染、环境保护、疾病与防治、旅游设施、历史和文化等等。

（3）整饰要素。整饰要素是一组为方便使用，而附加的文字和工具性资料，其常包括外图廓、图名、接图表、图例、坡度尺、三北方向、图解、文字比例尺、编图单位、编图时间和依据等。

①地图符号。地图上用以表示地面要素类别、空间位置、大小，及其数量与质量特征的特定图形记号或文字（见图 14-22）。

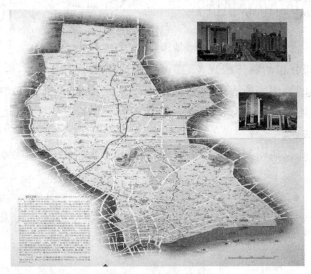

图 14-22　地图符号

②地图符号的分类。按符号与地物的比例关系分类，分为依比例符号、不依比例符号和半依比例符号（如图 14-23）。

	街区 	苗圃 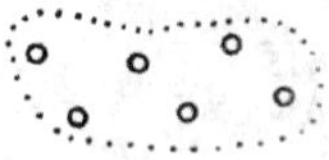	盐碱地 
依比例符号			
	宝塔	亭	小面积树林
不依比例符号			
	铁路	堤	单线河
半依比例符号			

图 14-23　符号与地物的比例关系的分类

　　按符号所指代的事物在抽象意义下的分布状态分类,地图符号可分为点状符号、线状符号和面状符号。点状符号——具有几何意义的点,代表点状地物的分布,如独立树、水井等;线状符号——具有几何意义的线或条带,代表线状或带状地物的分布,如河流、海岸线、防护堤等;面状符号——具有几何意义的面,代表面状地物的分布特征,如农田、森林、土地利用类型等(如图14-24)。

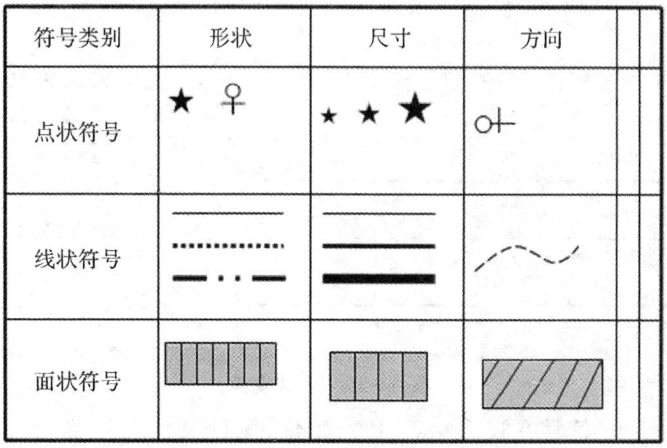

符号类别	形状	尺寸	方向		
点状符号	★ ♀	★ ★ ★	⚲⊢		
线状符号					
面状符号					

图 14-24　不同数据模型的符号分类

符号按图形特征可分为:正形符号、侧视符号和象征符号(如图 14-25)。

图 14-25　符号的图形特征分类

③地图符号的视觉变量。地图符号的视觉变量是指能引起视觉差别的最基本的图形和色彩因数的变化。

形状变量——视觉上能区别开来的几何图形的单体。点状符号的形状变量就是符号本身，它可以是圆形、方形甚至是更复杂的图形。对于线状和面状符号，其形状变量指的是构成线和面的点的形状，而不是线和面的轮廓形状和大小（如图 14-26）。

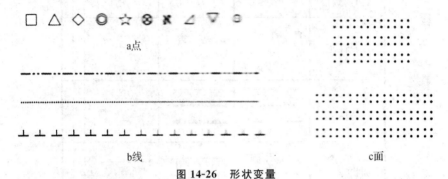

图 14-26　形状变量

尺寸变量——符号在尺寸大小上的变化，衡量尺寸变量要从几何面的直径、长、宽、高和面积等多方面进行比较（如图 14-27）。

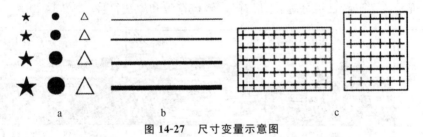

图 14-27　尺寸变量示意图

方向变量——适用于长形或线状的符号，是对整幅图的坐标系统而言的。整幅图的长形或线状符号必须和地理坐标的经线或直角坐标成同一交角才不至于混淆（如图 14-28）。

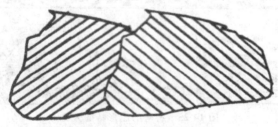

图 14-28　方向变量示意图

颜色变量——颜色作为视觉变量,是最活跃的因素,包括彩色和非彩色,彩色具有色相、亮度和彩度三种特征,而非彩色只有亮度特征。普通地图和专题地图的点、线、面符号都会单独地或组合地应用颜色变量(如图 14-29)。

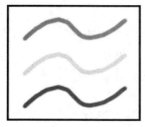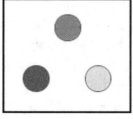

图 14-29　颜色变量示意图

④地图注记。每幅地图都需要用一定的文字或者注记来标记制图要素,制图者把字体当作一种地图符号,因为与点状、线状和面状符号一样,字体也有多种类型。运用不同的字体类型表征出悦目、和谐的地图,是制图者所面临的一项主要任务(见图 14-30)。

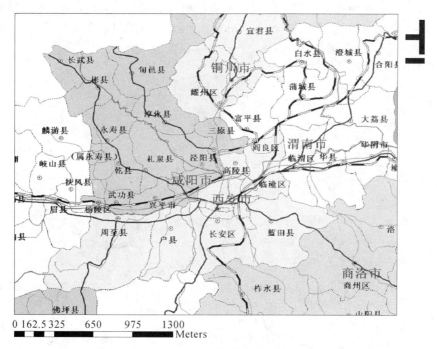

图 14-30　地图注记示意图

第一,地图注记的作用。标志各种对象:属于此种作用的有各种地理名称,它们与地图符号的配合,形成名称与地物之间的映射关系,便于地图的阅读。说明对象的属性:如管线符号注以"油",指输油管道等。转译:地图需要通过文字说明才能使读者了解地图符号的真实意义,否则无法实现由地图符号所担负的信息传递功能。

第二,地图注记的要素包括以下三个。

字体:我国地图上使用的字体繁多,主要有宋体及其变形体(斜体)、等线体(黑体)及其变形体(耸肩)等。字体的不同主要用于区分不同事物的类别。如多用宋体和等线体表示"居民地"等地理名称,水系名称用左斜体,山脉用耸肩体,山峰用长中等线体,从而加强地图制图对象的分类概念。

字号:注记字体的大小,其大小在一定程度上反映被注记对象的重要性和数量等级。

字位:注记相对于被注记地物的位置关系。点状地物注记应以点状符号为中心,在其上、下、左、右四个位置中的任意适当位置配置注记,其中以上、左、右三者较佳,最好在其右方。地图上凡注记点状地物都要使用接近字间隔。线状地物(道路、河流)注记要紧挨地物,采用较大字隔沿线状物注出,当线状物很大时,须分段重复注记。面状地物注记的字位应与地物的最大轴线相符,首尾两字距区域轮廓线的距离应相等,所注图形较大时,亦分区重复注记(见图14-31)。

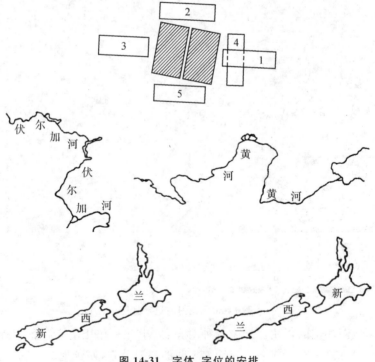

图14-31　字体、字位的安排

第三,图名。图名的主要功能是为读图者提供地图区域和主题的信息。表示统计内容的地图,还必须提供清晰的时间概念,图名要尽可能简练、确切。组成图名的三个要素(区域、主题、时间)如已以其他形式作了明确表示,则可酌情省略其中的某一部分。例如在区域性地图集中,具体图幅的区域名可以不用提供。此外,图名是展示地图主题最直观的形式,应当突出、醒目。它作为图面整体设计的组成部分,还可看成是一种图形,可以帮助地图拥有更好的整体平衡。一般可放在图廓外的北上方,或图廓内以横排或竖排的形式放在左上、右上的位置。图廓内的图名,可以是嵌入式的,也可以直接压盖在图面上,这时应处理好图名与下层注记或图形符号的关系(见图14-32)。

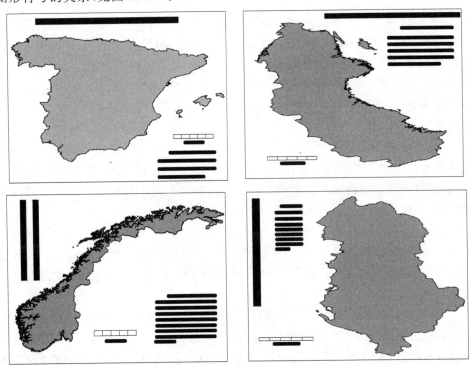

图 14-32　图名位置的安排

第四,图例。图例应尽可能集中在一起。虽然经常被置于图面中不显著的角落,但这并不影响图例的重要性。为避免图例内容与图面内容的混淆,被图例压盖的主图应当镂空。只有当图例符号的数量很大,集中安置会影响主图的表示及整体效果时,才可将图例分成几部分,并按读图习惯,从左到右有序排列。对图例的位置、大小,图例符号排列的方式、密度、注记字体等的调节,对图面配置的合理与平衡起重要作用。

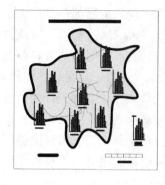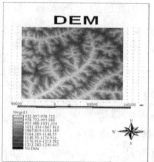

图14-33　图例位置的安排

第五，比例尺。地图比例尺一般被安置在图名或图例的下方。地图上的比例尺以直线比例尺的形式最为有效、实用。但在一些区域范围大、实际比例尺已经很小的情况下，可以将比例尺省略，如一些表示世界或全国的专题地图。因为，这时地图所要表达的主要是专题要素的宏观分布规律，各地域的实际距离等已经没有很大价值，更不需要进行距离方面的量算，放置比例尺，反而有可能会得出不切实际的结论。

第六，统计图表与文字说明。统计图表与文字说明是一种对主题概括与补充比较有效的形式。由于其形式（包括外形、大小、色彩）多样，能充实地图主题、活跃版面，因此有利于增强视觉平衡效果。统计图表与文字说明在图面组成中只占次要地位，数量不可过多，所占幅面不宜太大，对单幅地图更应如此。

第七，图廓。单幅地图一般都以图框作为制图的区域范围。挂图的外图廓形状比较复杂。桌面用图的图廓都比较简洁，有的就以两条内细外粗的平行黑线显示内外图廓，有的在图廓上标明经纬度分划注记，有的为检索设置了纵横方格的刻度分划。

第八，图面配置。图面配置是指对图面内容的安排。在一幅完整的地图上，图面内容包括图廓、图名、图例、比例尺、指北针、制图时间、坐标系统、主图、副图、符号、注记、颜色、背景等内容，内容丰富而繁杂，在有限的制图区域上合理地安排制图内容，不是一件轻松的事。一般情况下，图面配置应该主题突出、图面均衡、层次清晰、易于阅读，以求美观和逻辑的协调统一而又不失人性化。

（五）地图制图的基本方法

地图制图的基本方法主要为两类，一是传统的编绘制图，二是计算机地图制图。

1.传统的编绘制图。传统的编绘制图主要经历四个过程：地图设计、原图编绘、出版准备及地图印刷。

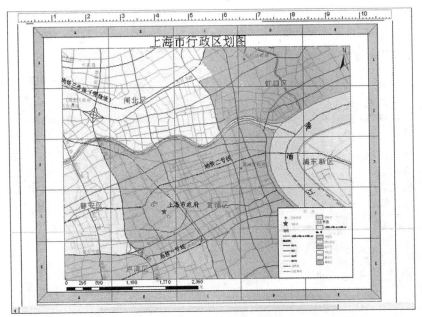

图 14-34　图面配置示意图

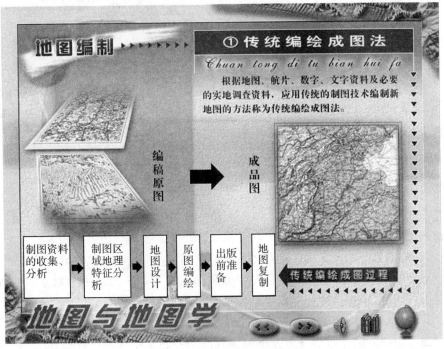

图 14-35　传统的编绘制图过程

2.计算机地图制图。计算机地图制图,是以图数转换为原理,以数字电子计算机为中心设备,而展开的现代化制图方法,主要包括地图设计、数据输入、数据处理和图形输出等过程。

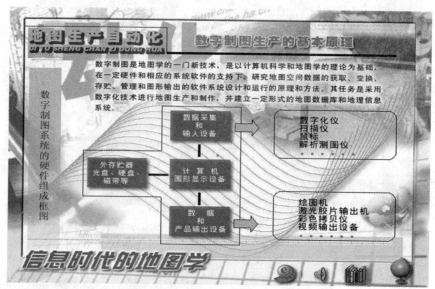

图 14-36　计算机地图制图过程

(六)专题地图的制作

专题图是专题信息图形化的结果,用以反映自然、社会、经济分布的特性,它是强调某一特定要素或概念(专题信息)的地图。专题图表示的内容通常是普通地图上没有的要素和现象,如人口、气候等。

1.专题地图的主要表示形式。

(1)独立值专题图。根据图层相关数据表(可以是属性表,也可以是关联表)中的一个字段或者一个表达式(可以是数值,也可以是字符串),任意一个不同的值都可以用不同的符号表示。如图 14-37 所示,基于该类型的其他专题图,也都能够进行与该图层同样的操作。

(2)范围值专题图。根据图层相关数据表(可以是属性表,也可以是关联表)中的一个字段或者一个表达式(最终结果是数值),按照一定的规则来划分一定数目的范围,每种范围用一种符号表示。范围的数目可由用户指定,表示要分多少个范围。其中,点专题图用渐变颜色或点符号大小来表现图层中各个不同范围的地物;线专题图用渐变颜色或线符号宽度来表现图层中各个不同范围的地物;面状专题图用渐变的填充符号来表现图层中各个不同范围的地物(如图 14-38)。

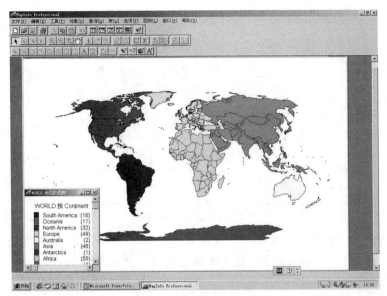

图 14-37　独立值专题图

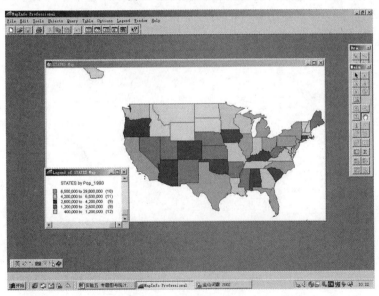

图 14-38　范围值专题图

（3）点密度专题图。根据图层相关数据表（可以是属性表，也可以是关联表）中的一个字段或者一个表达式（最终结果是数值），用户设定一个点代表的数量，计算得到每一个区域需要分布的点数。点密度专题图只基于多边形图层生成，只有一个图例项，即一个点代表多少量（如图 14-39）。

图 14-39　点密度专题图

（4）等级符号专题图。根据图层相关数据表（可以是属性表，也可以是关联表）中的一个字段或者一个表达式（最终结果是数值），按运算法则（线性、平方根、对数）来计算字段值的相应点符号大小。最后以大小不同的点符号表示专题特性。对点专题图是用不同大小的点符号显示在图层中各个地物点上；对线专题图是用不同大小的点符号显示在地物线的某一个点上；对面专题图是用不同大小的点符号显示在图层中各个地物多边形的中心（如图 14-40）。

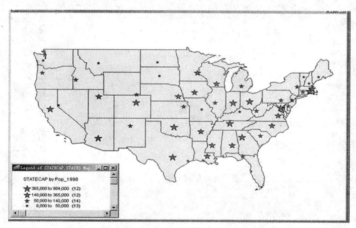

图 14-40　等级符号专题图

（5）统计图类专题图。基于图层相关数据表（属性表或关联表）中的几个字段或者几个表达式（最终结果是数值），根据选择统计图的类型，在相应空间位置上生成统计图。统计图既要反映不同位置上量的差异，也要反映一个统计图内部不同项的量的差异。其中，点专题图在各个地物点上显示统计图；线专题图在地物线的某一点上显示统计图；面专题图在各个地物多边形的中心显示统计图（如图 14-41）。

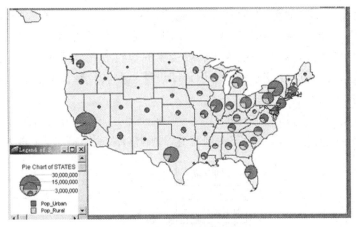

图 14-41　统计图类专题图

2.专题地图的制作。制作专题图的过程是根据某个特定的专题对地图进行"渲染"的过程。它直接引用某个点、线和面图层的数据。如利用颜色深浅或者填充线的密度来表现不同行政区(例如不同省份)的人口密度、国民素质高低、经济发展水平等;用不同大小的饼状图或柱状图来表现城市人口规模及人口构成比例等。

(1)专题地图类型选择。专题图是对空间对象属性数据实现符号化的表示。属性数据是定性符号数据时常用的质底法(独立值)专题图。如根据空间对象的特

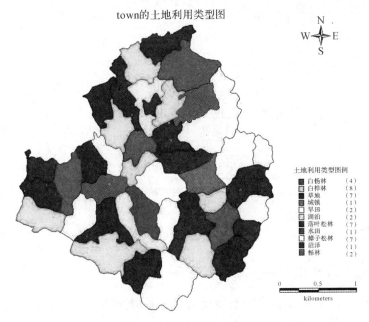

图 14-42　土地利用类型图的制作

性在空间内填充相应的色、符号或晕线等。属性数据是定量数值数据时进行的符号表达,常用等级符号专题图、范围值专题图、点密度专题图、分级统计图和图表统计图等表示。这时,将属性值的大小转换为不同等级或直方图的形式进行描述。

(2)专题地图的设计及制作。专题地图设计主要有轮廓设计、图名、比例尺、图例、文字说明等要素的设计。

专题地图的制作过程包括前期准备、确定设计方案、专题地图制作(分为底图要素制作和专题要素制作)、标记图例配置、地图整饰、地图输出等(如图 14-43)。

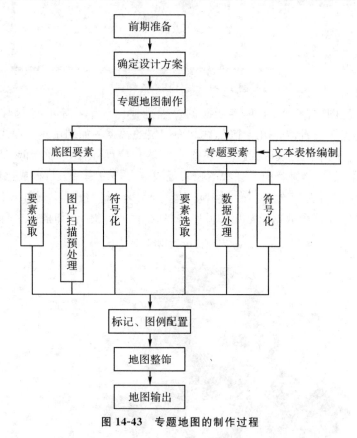

图 14-43　专题地图的制作过程

四、实验步骤

(一)渲染图层要素——唯一值符号

1. 在 ArcMap 中新建地图文档,加载"空间分析"扩展模块及"空间分析工具栏"。

2. 加载图层省会城市、地级市驻地、主要公路、国界线、省级行政区、Hillshade_10k,

将地图文档保存到 Ex12 下,命名为 ChinaMap。

3. 在图层列表面板(TOC)中右键点击图层"省级行政区",执行"属性"命令,在出现的"图层属性"对话框中,点击"符号"选项页,如图 14-44 所示,将渲染参数设置为"类别"→"唯一值",字段值设置为"DZM"。点击"添加全部值"按钮,将"所有其它值"前检查框里的钩去掉。

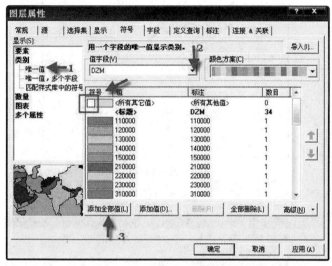

图 14-44 渲染图层要素——唯一值符号

4. 点击"符号"列,选择"全部符号的属性"命令(如图 14-45)。

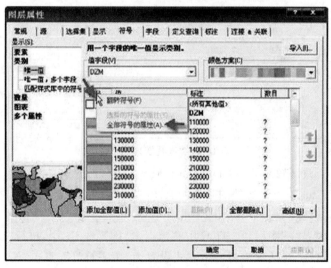

图 14-45 选择全部符号属性

5.在"符号选择器"中将"轮廓线颜色"设置为"无颜色"(如图 14-46)。

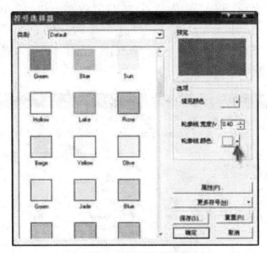

图 14-46　设置轮廓线颜色

6.点击"显示"选项页,将图层透明度设置为 50%(如图 14-47)。

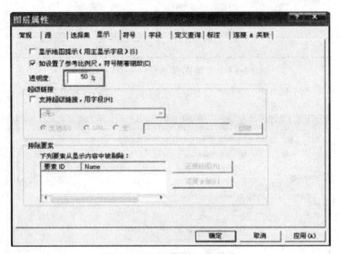

图 14-47　设置图层透明度

7."省级行政区"根据字段 DZM 进行唯一值渲染,且有伪三维效果(关闭省级行政区和 Hillshade_10k 之外的其他所有图层)。

8.关闭并移除图层 Hillshade_10k。

9.显示"国界线"图层,在 TOC 中右键点击"国界线"图层,执行"属性"命令,在出现的"图层属性"对话框中将渲染方式设置为"单一符号",点击"符号设置"按钮,在"符号选择器"对话框中选择一种线状符号(如图 14-48)。

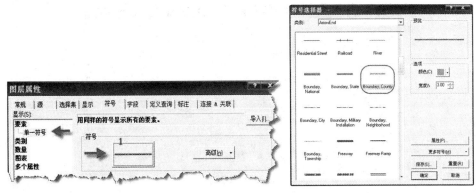

图 14-48　线状符号设置

10.显示地级城市驻地图层,并参考以上操作及图 14-49 所示,设置图层渲染方式。

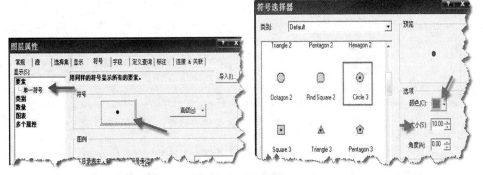

图 14-49　点状符号设置

(二)标注图层要素

1.在 TOC 中,右键点击"省级行政区"图层,执行"属性"命令,在出现的"图层属性"对话框中,点击"标注"选项页,确认标注字段为 Name,点击"符号"按钮(如图 14-50)。

2.在"符号选择器"对话框中,将标注字体大小设置为 12,点击"属性"按钮,在"编辑器"对话框中点击"掩模"选项页,并将大小设置为 20000,连续点击三个"确定"后退出以上对话框,返回 ArcMap 视图界面。

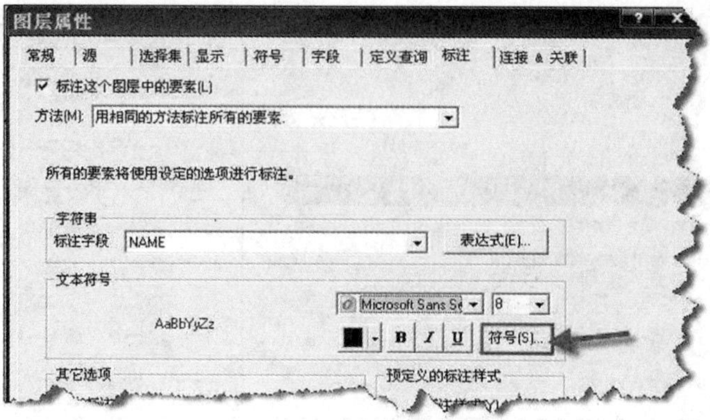

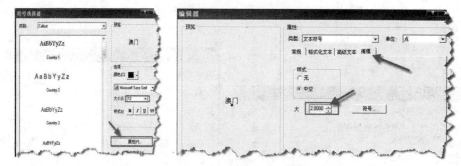

图 14-50　图层属性设置

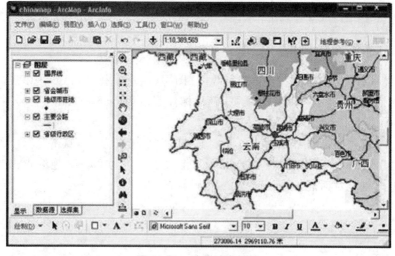

图 14-51　图层属性符号设置

3. 显示"地级城市驻地"图层,并参考以上操作及图 14-52 所示进行标注。

图 14-52　地级城市标注

(三)渲染图层要素——分类渲染

1. 在 TOC 中,右键点击省级行政区图层,执行"属性"命令,然后在"图层属性"对话框中点击"符号"选项页,将渲染方式设置为"渐变的颜色",渲染字段设置为 Area,分类 5,且采用自然间隔分类法(如图 14-53)。

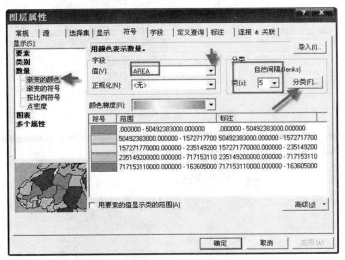

图 14-53　选择颜色梯度

2. 在图 14-53 中,点击"分类"按钮可选择不同的分类方法。参照以上操作过程,基于字段 Area,并运用不同的分类方法(等间隔、分位数、自然间隔、标准差),比较按照不同分类法对图层"省级行政区"进行分类的意义。不同分类法的显示效果如图 14-54。

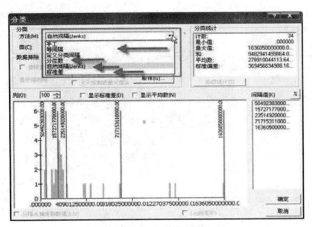

图 14-54　分类方法

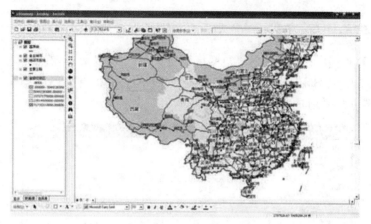

图 14-55　自然间隔分类

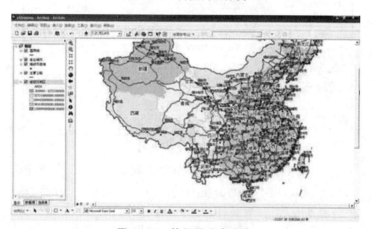

图 14-56　等间隔分类渲染

图 14-57　标准差分类渲染

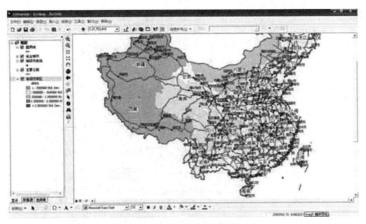

图 14-58　分位数分类渲染

(四)渲染图层要素——点密度渲染

1.参照前面的步骤,对"省级行政区"图层进行点密度渲染,如图 14-59 所示。

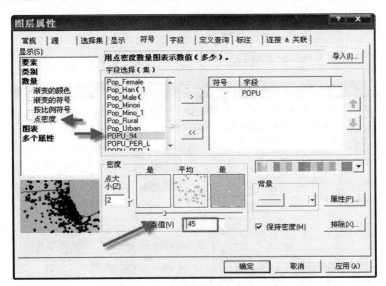

图 14-59　图层属性的点密度设置

2.根据人口字段 POPU 计算点密度。

图 14-60　点密度渲染效果

（五）渲染图层要素——图表渲染

1.参照前面的步骤,对"省级行政区"图层进行图表密度渲染,如图 14-61 所示。

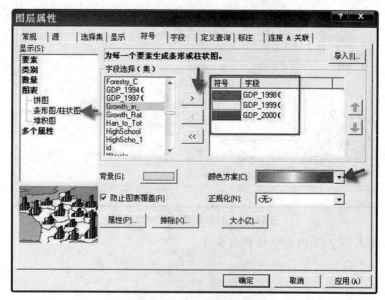

图 14-61　图层属性的图表设置

2.根据 1998GDP、1999GDP、2000GDP 属性生成柱状图渲染方式。

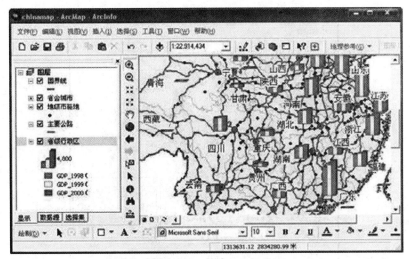

图 14-62　柱状图渲染

(六)创建地图版面

1.在上一步的基础上,将"省级行政区"图层的渲染方式恢复为"唯一值渲染,基于 NAME 字段"。

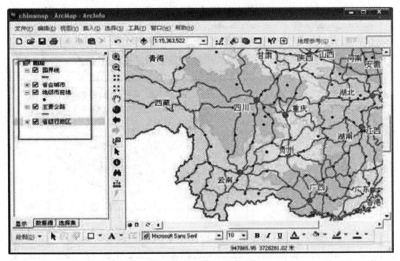

图 14-63　唯一值渲染

2.在 ArcMap 中,点击按钮切换到布局视图界面。执行菜单命令"文件→页面和打印设置",在对话框中设置纸张大小和方向。注:这里请将纸张方向设置为横向(如图 14-64)。

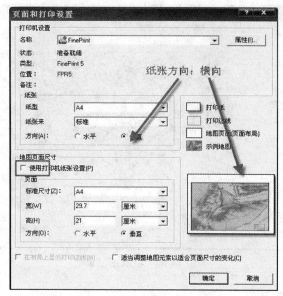

图 14-64　页面和打印设置

3.设置完成后,可以看到在布局视图界面下,地图版面已变为横向,且当前数据框已经添加到地图版面中。

图 14-65　横向的地图版面

4.通过当前数据框中的"大小和位置"选项页,可以精确设置"数据框"在地图版面中的位置或大小。在版面视图界面下,右键点击"数据框",然后执行"属性"命令。如图 14-66 所示,设置数据框属性。

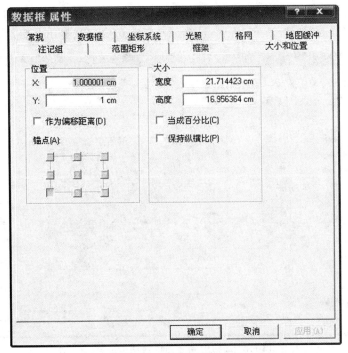

图 14-66　数据框属性设置

5. 通过"框架"选项页可以在当前数据框周围添加图框并设置图框的式样。

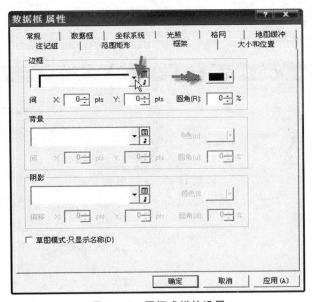

图 14-67　图框式样的设置

　　6.通过标准工具栏上的放大、缩小、平移按钮,可以调整地图版面中数据框的显示比例和范围,如图 14-68 所示,适当调整使右边窗口只显示西南部分数据。

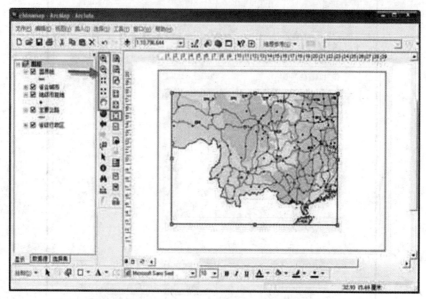

图 14-68　调整地图版面中数据框的显示比例

(七)添加各种元素到地图版面中

　　1.制图元素——图表。在地图版面中可以插入统计图表,根据属性数据生成统计图表(类似 Excel 电子表格软件的操作),然后插入到地图版面中。

图 14-69　创建图表

　　2.制图元素——文字。执行菜单命令插入→标题,修改地图标题的属性,设置合适的字号、字体。

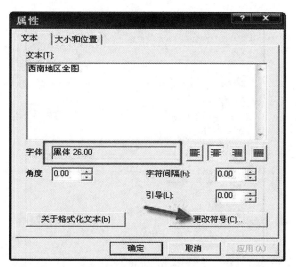

图 14-70　标题设置

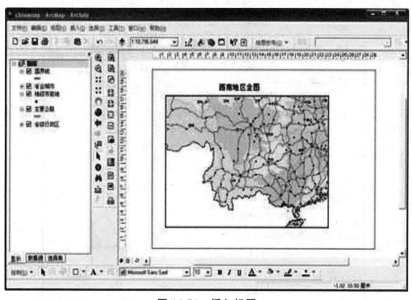

图 14-71　插入标题

3.制图元素——图片或照片。执行菜单命令插入→图像,浏览 Ex12 文件夹,将 logo. gif 插入到当前地图版面中,调整大小及位置。

4.制图元素——比例尺。执行菜单命令插入→比例尺,可以选择比例尺样式,设定比例尺参数(如图 14-72、图 14-73)。

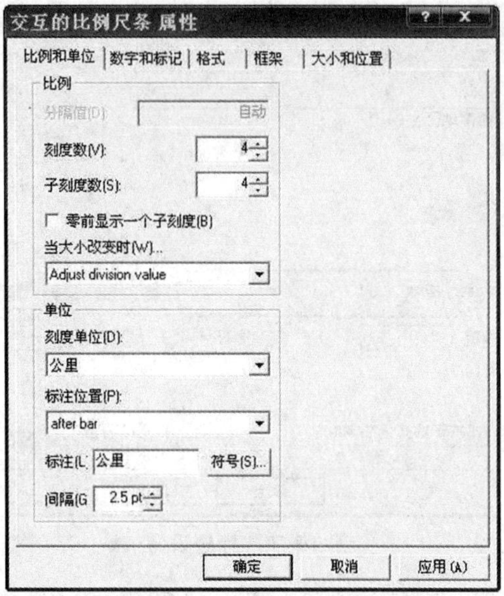

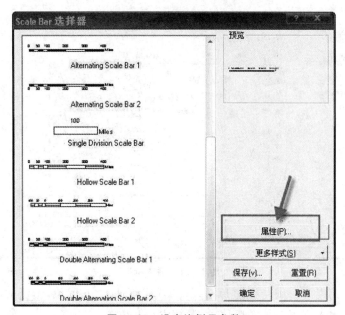

图 14-72　选择比例尺样式

图 14-73　设定比例尺参数

在地图版面中双击已添加的"比例尺",修改其属性。

5.制图元素——图例。通过执行菜单命令插入→图例,在地图版面中加入图例,使用"图例向导",设置图例各种参数(如图 14-74)。

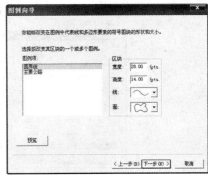

图 14-74　设置图例的各种参数

6.制图元素——指北针。通过执行菜单命令插入→指北针,在地图版面中加入指北针(如图 14-75)。

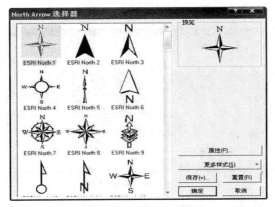

图 14-75　插入指北针

7.制图元素——数据表。如果要将数据表添加到地图版面中,可以先将数据表打开,然后在数据表浏览窗口中点击选项,在出现的右键菜单中执行"把表加到布局中"命令(如图 14-76)。

图 14-76　执行"把表加到布局中"命令

可以通过"图层属性"或"属性表属性"对话框设置可见字段或别名（如图 14-77）。

图 14-77　设置可见字段

8.打印输出地图。制作好的地图可以导出为多种文件格式，如 JPG、PDF 等。执行菜单命令文件→输出地图（如图 14-78）。

图 14-78　输出地图

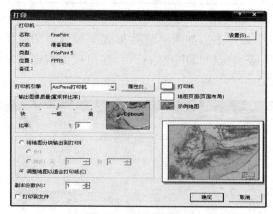

图 14-79　打印地图

如果要进行印刷，可以通过 ArcGIS 内置的 ArcPress 实现分色打印（如图 14-79）。

实验十五   浙江省分县(市)人口密度图制作

一、实验目的

让读者了解符号化、注记标注、格网绘制,以及地图整饰的意义,掌握符号化过程中一些方法的应用,掌握自动标注的操作及一些地图整饰和输出的操作。对数字地图制图有初步的认识。

二、实验准备

1.软件准备:ArcGIS Desktop 9.x。
2.数据准备:浙江省 69 县(市)行政区划数据、69 县(市)人口数据。

三、实验步骤

(一)加载数据

打开 ArcMap,加载行政区划数据 Polygons 和人口数据表。

(二)添加字段

鼠标右键点击 Polygons 图层,打开属性表,并在其属性表中添加长整型的 Density 字段以存放人口密度。

(三)连接表格

右键点击 Polygons 图层,点击连接,将人口数据表中的人口数据连接到 Polygons 图层的属性表中。

(四)计算人口密度

在 Polygons 图层属性表的 Density 字段标题上点击鼠标右键,选择 Field Calculator,计算 69 县市的人口密度导出数据。

all2010								
lnP	lnA	lnT	lnU	ID_1	X	Y	NAME	总人口（万人）
4.132122	10.729066	-.465804	-.713962	0	1389078	3950804	长兴县	62.31
3.648318	11.184366	-.585387	-.687961	1	1500800	3959918	嘉善县	38.41
4.427836	11.146157	-.173366	-.628671	2	1503893	3937265	嘉兴市区	83.75
4.69043	10.91243	-.352571	-.636956	3	1452657	3935483	湖州市区	108.9
3.885679	11.157093	-.708909	-.661067	4	1520873	3941700	平湖县	48.7
3.823629	10.635086	-.282074	-.744651	5	1380123	3905618	安吉县	45.77
4.210645	11.016249	-.36304	-.711719	6	1471683	3923846	桐乡县	67.4
3.7612	10.932249	-.564425	-.692547	7	1430828	3905343	德清县	43
3.619261	11.067747	-.791019	-.745704	8	1508167	3916974	海盐县	37.31
4.190109	11.146316	-.577178	-.707652	9	1486035	3907391	海宁市	66.03
6.074932	11.605578	.153608	-.311292	10	1423547	3876658	杭州市区	434.82

⏮ ◀　　0　▶ ⏭ | 📋 ▢ | (0 / 69 已选择)

图 15-1　行政区划图的属性表

（五）设置分类

右键点击 Polygons 图层，选择 Properties，打开 Layer Properties 对话框，点击 Symbology 标签，相应选择 Graduated colors 和 Classify 按钮，按照 200、500、1000、5000、12000 进行分类，点击确定。

（六）添加标注

右键点击 Polygons 图层，选择 Properties，打开 Layer Properties 对话框，点击 Lables 标签，选中 Lable features in this layer，在 Lable Field 中选择 Name 字段，设置文本符号，点击确定。

图 15-2　文本标注

(七)地图布局与整饰

将显示区从 Data View 切换至 Layout View,同时进行以下操作:页面设置,点击菜单 File 中的 Page and Print Setup,设置打印机、纸张等参数;调整数据窗口,右键点击图形显示区,选择 Properties,在 Date Frame Properties 对话框中点击 Grids,再点击 New Grid 按钮,为图形添加经纬网;插入图名、图例、比例尺,点击菜单 Insert 下面的 Title、Legend、Scale Bar,调整设置,置于适当位置。

(八)保存地图

点击菜单 File 下的 Save,保存地图文档。

(九)地图输出

点击菜单 File 下的 Export Map,文件格式采用 JPEG,点击左下角的 Options 按钮进行输出参数设置,并将图形按 300dpi 的精度输出为 JPG 格式的图片。

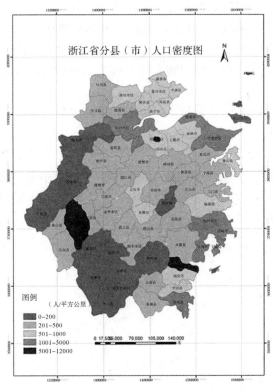

图 15-3 浙江省分县(市)人口密度图

主要参考文献

[1] 牟乃夏,刘文宝,王海银,等.ArcGIS10 地理信息系统教程——从初学到精通[M].北京:测绘出版社,2012.

[2] 杨克诚.GIS 软件实验指导书——基于 ArcGIS Desktop[M].昆明:云南大学出版社,2009.

[3] 田永中,徐永进,黎明,等.地理信息系统基础与实验教程[M].北京:科学出版社,2010.

[4] 黄杏元,马劲松,汤勤.地理信息系统概论[M].北京:高等教育出版社,2002.

[5] 邬伦,等.地理信息系统——原理、方法和应用[M].北京:科学出版社,2001.

[6] 陈述彭,鲁学军,周成虎.地理信息系统导论[M].北京:科学出版社,2000.

[7] 龚健雅.地理信息系统基础[M].北京:科学出版社,2001.

[8] 汤国安,赵牡丹.地理信息系统[M].北京:科学出版社,2000.

[9] 汤国安,刘学军,闾国年,等.地理信息系统教程[M].北京:高等教育出版社,2007.

[10] 王文宇,杜明义.ArcGIS 制图和空间分析基础实验教程[M].北京:测绘出版社,2011.

[11] 汤国安,杨昕.ArcGIS 地理信息系统空间分析实验教程[M].北京:科学出版社,2006.

[12] 宋小冬,钮心毅.地理信息系统实习教程[M].北京:科学出版社,2007.

[13] 石伟.ArcGIS 地理信息系统详解[M].北京:科学出版社,2009.

[14] 吴秀芹,张洪岩,李瑞改,等.ArcGIS9 地理信息系统应用与实践:上下册[M].北京:清华大学出版社,2007.